보름씩 떠나는
세계일주

by DUKE

이장우 글.사진

이안에 도서출판
디프넷

CONTENTS

1
장

이집트
"숨막히도록 아름다운 고대(古代) 피라미드"

이스라엘 페트라
"세계 최고(最古)의 조각품 페트라"

프롤로그

보름씩 떠나는 세계일주

•••

쿠바 아바나의 숙소에서 젊은 한국인 여행자를 만났다. 직업 군인이었던 그는 군을 제대한 후 직장을 구하지 않고 세계여행을 시작했다고 한다. 일 년 정도 세계여행을 하는 와중에 쿠바에서 나와 우연히 만난 것이다.

미국에 직장일로 간 김에 겨우 며칠 시간을 내어 쿠바에 여행을 갔다가 거의 일 년 동안 여행을 하고 있다는 그 친구를 보며 내심 많이 부러웠다. 그가 일 년동안 여행했다는 40여 개 나라들에 관한 이야기는 마치 어린 시절 재미있게 읽었던 신밧드의 모험처럼 흥미진진하기만 했다. 그는 아주 어린 시절부터 내 겐 미지의 세계에 대한 동경심과 설렘이 있었던 것 같다. 최초의 동경과 설렘 은 얼마전 영화로도 나왔던 초등학교 때 읽은 '두리틀 박사의 바다 여행'[1] 에 서 였고, 그다음에 나를 매료시킨 책이 '80일간의 세계 일주'였다. 책에 몰입 할수록 나 또한 세계 일주를 해보고 싶다는 열망을 강하게 느꼈었다. 그리고 10대 시절 읽었던 이원복 교수님의 '먼 나라 이웃 나라'가 생각났다. 여러 나라

---

1) 두리틀 박사의 바다 여행: 1923년 뉴베리 수상작《두리틀 박사의 바다 여행》은 1922년 발간된 이후 오랜 시간이 흘렀지만 지금도 전 세계 어린이들을 매료시키는 동화이다.

의 정보와 풍습, 문화 등을 자세히 소개한 책을 읽으며 나도 언젠가 미지의 나라에 가서 직접 맞닥뜨려 경험해 보고 싶다는 생각이 더 커지게 된 것 같다. 쿠바에서 제대군인을 만난 뒤에 그간 잠자고 있던 세계여행에 대한 열망이 눈을 뜨기 시작했다. 막연히 생각만 하고 잠재해 있던 그 욕망이 마치 흔들어진 샴페인 뚜껑을 따는 것처럼 터져 나온 기분이었다. 한국에 돌아오는 비행기에서 곰곰이 생각해 봤다. 사실 일반적인 직장인으로서 사회생활을 하면서 제대군인처럼 일 년간 시간을 내는 세계 일주는 거의 불가능에 가까웠다.

일반인의 경우 아무리 시간을 짜내도 한 달은 커녕 한 번에 2주 이상의 시간을 내기도 쉽지 않는 게 사실이다. 그러니 세계여행을 하겠다고 결심하고 직장을 그만두거나 사업을 정리하고 세계 일주를 하는 사람들은 정말로 용기가 있거나 아니면 아무 생각이 없는 사람이라는 생각이 들었다. 만일 가까운 후배나 친한 회사 동료가 세계 일주를 위해 회사를 그만두겠다고 하면 용기 있다고 칭찬해 줄 것인지 한번 더 생각해 보라고 할 것인지 참 판단하기가 어렵다. 요즘 같은 경우는 유튜브도 발달하고 해서 일 년 이상 세계 일주를 하면서 유튜버나 여행 작가로 직업을 바꾸는 것도 가능하지만, 그것도 백이면 백 사람에게 다 적용될 수는 없는 얘기 아니겠는가.

여행이 직업이 되는 순간, 콘텐츠를 만들기 위해 별로 내키지 않는 여행지를 선택해서 가야 할 수도 있고, 자신의 여행 경험을 때로는 과장되게 포장하고 전달해야만 하니… 그런 직업이 괜찮을지도 잘 모르겠다. 그래서 직장을 그만두지 않고서도 세계여행을 하는 방법을 고민해 보기 시작했다. 문득 든 생각이 '한 해에 2주 정도의 시간을 짜내어 세계 일주를 해보면 어떨까?'였다.

사정이 허락하면 2주씩 매년 한 번이나 2주를 1주일로 나누어 두 번에 나눠서 여행하는 방법을 생각해 보았다. 그렇게 여행하면 직장을 다니면서도 시간을 낼 수 있을 것 같았다. 통상 휴가에 연휴까지 포함하면 7일이나10일 정도의 휴가를 낼 수 있을 것이고 여기에 조금만 더 무리한다면 2주 즉 14~15일 정도의 시간도 볼 수 있을 것 같았다.

그래서 무리하지 않는 선에서 계획을 세워 여행을 해 보기로 했다. 일단 일주일 단위의 세계여행을 기획해 보기로 했다. 2주 정도의 장기 여행은 직장 상황을 봐 가면서 시도해 볼 수 있을 것 같았다.

매년 1주일씩 2회 정도 세계 여행 계획을 세워보니 1년에 14일, 10년이면 약 140일이 된다. 140일이면 거의 5개월의 시간을 확보할 수 있다는 결론에 도달했다. 비행기가 없던 시절에도 80일 만에 지구를 한 바퀴 돌았는데…. 140일이면 지구를 한 바퀴를 돌고도 남극, 북극도 다닐 수 있는 시간이었다. 배와 기차를 타는 시간을 비행기로 단축하고 건강에 큰 문제만 생기지 않으면 몇 년이면 세계 일주가 가능하지 않을까?

한 나라에 3~4일씩 있겠다고 계산할 때 140일이면 평균 40여 나라쯤 여행할 수가 있다. 물론 3~4일 만에 한 나라의 문화와 관습, 모든 것을 다 경험해 볼 수는 없겠지만 그래도 첫 만남에서 받는 인상이랄까 설렘을 생각하면 여러 나라를 방문하는 이 계획이 너무나 멋져 보였다.

이 계획을 세우는 시점에 난 이미 27개 나라를 여행했기 때문에 계획을 잘 세우고 몇 년만 여행하면 세계 일주를 할 수 있을 것 같았다. 예를 들어 한국에서 서쪽으로 세계 일주를 한다고 가정하자. 중국은 이미 가보았기 때문에 중국은 제외하고 지도상에 나와 있는 그 옆 나라인 대만, 홍콩, 태국, 라오스를 여행하고 그 다음 여행 때는 베트남, 미얀마, 캄보디아를 그리고 그 다음 여행 때는 몽골, 우즈베키스탄, 카자흐스탄 이런 식으로 퍼즐을 맞추듯 인접국을 몇 나라씩 여행하는 계획을 세워보기로 했다. 이것은 예를 든 것이고 실제로 난 대만, 홍콩, 베트남 등은 그 전에 가보았기에 이곳은 제외하고 여행계획을 세웠다. 그전에 방문한 나라에 또 갈 일이 있으면 최소한의 시간만 머무르도록 일정을 세웠다. 시간도 중요하지만, 비용도 생각해 봐야 한다. 먼저 여행 비용을 계산해 보았다.

유튜브에서 열흘에 150만원 정도를 지출하는 배낭여행도 많이 소개되어 있다. 가끔은 그보다도 비용을 덜 쓰는 경우도 있다. 저렴한 여행도 좋지만, 나의 나이와 체력을 고려할 때 비용이 좀 더 들더라도 일단 숙소를 단독으로 방을 쓰는 호텔에 머무르는 것이 게스트 하우스나 도미토리에 숙박하는 것 보다 나에게 맞겠다는 판단이 들었다. 젊어서 고생은 사서도 한다지만 난 그렇게 젊지도 않고 숙소를 제외하더라도 고생할 부분은 넘쳐나는 만큼 숙소에서만은 푹 쉬는 개념으로 여행하리라 생각했다. 그래서 숙박비용만으로 하루에 10~15만원 정도를 책정했다.

자금 조달 측면에서 보면 나는 술, 담배를 안하니 그 비용을 아끼고 다른 지출도 최대한 줄여 일주일에 10만원씩 저금했다. 그러면 1년에 500만 원 정도의 여행 비용을 만들 수 있다. 미국에 예전에 유행하던 Christ mas Account라는 예금이 있다. 12월부터 일정 금액을 다음 해 11월까지 저축하는 일종의 1년 만기 적금이다.

크리스마스 선물을 사기위해 조금씩 매달 돈을 저축하는 건데 이 예금은 12월 전에는 통장에서 꺼낼 수 없도록 하는 강제 조항이 있다. 돈을 모으는 것은 누구에게나 어려운 것이다. 요즘은 일단 쓰고 갚는 카드소비 패턴이 고착화되었지만 돈을 모아서 여행을 가면 더 가벼운 마음으로 여행을 즐길 수 있지 않을까?

보름 여행에 약 500만원 정도를 예산으로 세우고 계획을 짜보았더니 비용은 크게 문제가 되지 않았다. 식비는 잘 먹고 다녀도 남미에서는 보름에 100만원이면 충분했다. 브라질이나 아르헨티나에서는 4만원이면 스테이크에 와인 한잔 정도는 먹을 수 있다. 잘만 계획하면 하루 세 끼에 7만원 정도의 예산이면 서유럽 한복판이 아닌 이상 한 끼 정도는 멋진 식당에서 맛있는 식사를 할 수도 있었다.

아침 식사가 호텔 숙박에 포함되어 있지 않으면 현지에서 장을 보아 과일과 바게트 등으로 아침 식사를 했다. 점심은 샌드위치나 값싸고 푸짐하면서 입에도 잘 맞는 중국 식당을 자주 갔다. 그리고 저녁은 한두번은 한국 식당에 가거나 좀 괜찮은 현지 식당에 가서 4~5만 원 정도의 지출을 계획했다. 물론 가끔은 아주 좋은 식당에 가서 200불쯤 쓰기도 한다. 터키에 갔을 때 스테이크로 유명한 nusr Et(누스렛) 이라는 레스토랑에 갔다. 미국에 살고있는 친척 동생이 터키에 가면 이곳을 꼭 가보라고 추천을 해주었다. 인터넷으

로 검색을 해보니 한국의 최현석 셰프가 허세 가득한 모습의 오리지날 버전
이 바로 이곳이었다. 이곳은 주인 솔트베가 멋지게 소금을 뿌리는 모습으로
명성을 얻은 고급 식당이다. 심지어 식당 간판에 그가 소금을 뿌리는 모습이
캐릭터로 되어있다.

내가 방문했던 2016년에는 솔베트는 플로리다에 오픈한 식당에 출장 중
이라 그를 볼 수는 없었지만, 평소 좋아하던 최현석 셰프와 비슷한 컨셉의
솔트베 이미지가 왠지 친근했다. 그날 저녁 비행기를 타야 해서 저녁 7시
쯤에는 호텔에 돌아가야 했지만 이 식당에는 꼭 가봐야겠다는 마음이 들어
조금 이른 저녁을 먹으로 가보게 되었다.

멋진 레스토랑이었고 유니폼으로 흰색 재킷을 입은 종업원도 공손하고 친절했다. 그날 낸 식비는 약 6~7만 원이었던 것으로 기억한다. 터키에서 7만 원이면 뉴욕에서 2백 불 이상의 식사를 한 것과 비슷한 물가다. 예약을 하지 않고 가서 큰 테이블에 모르는 사람 몇 명과 함께 식사해야 했다.

늦은 오후임에도 만석이었다. 흰색 유니폼을 멋지게 차려 입은 종업원

요리 Asodo

소갈비로 만든 메뉴를 주문했다. 너무 기대했던 건가? 아니면 양고기를 먹을걸 그랬나? 솔직히 왜 이리 유명한 건지 잘 모르겠다. 시간에 쫓겨 먹은

것도 한 가지 이유가 될 수 있겠다. 아무튼 내 취향은 아니었다. 맛있게 드신 분들도 계실테니 음식에 대한 평가는 하지 않겠다. 유명한 식당이니 기념삼아 방문해 보기는 좋을듯하다. 그날은 준비되지 않은 방문이었지만 이런 고급 식당에 가는 계획이 있으면 비용을 생각해서 전날과 그다음 날은 저렴한 비용으로 저녁을 해결하려 한다. 어디에나 값싸고 맛있는 음식은 있다.

〈현지 정보 얻는 법〉

여행을 준비하면서 또 하나의 고민은 현지의 정보를 어떻게 얻을 수 있는 가다. 인터넷이나 블로그 여행책들의 정보도 도움이 되지만 정보를 얻기 어려운 나라들도 있다. 2015년에는 쿠바나 이란, 아제르바이잔 등의 정보가 부족했다. 영어판 론니플래닛의 도움을 받아도 이 책 역시 부정확하거나 오래된 정보가 많아서 여행 계획 세우는 게 녹록지 않았다.

Couchsurfing(카우치서핑)이라는 앱을 알게 되었다. 지금은 한해에 2만 원쯤 내야 하는 유료 사이트가 되었는데 몇 년 전까지는 무료 앱이었다. Couchsurfing은 내가 여행가는 여행지의 현지인과 미리 연락해서 현지인이 승낙해 주면 그 집에서 무료로 숙박하는 서비스를 제공해 준다. 제목처럼 소파를 내주기도 하지만 대부분은 방을 내주든지 아니면 기꺼이 자신의 침대를 내어준다.

Couchsurfing을 알게 된 후 가장 먼저 든 생각은 혹시 잠을 재워준다고 가서 만난 현지인이 범죄자이거나 무례하거나 무언가 목적이 있는 사람이면 어떡하지 하는 걱정이었다. 다행히 Couchsurfing에는 이러한 걱정에 대한 방지책으로 방문자들은 자신의 경험을 남길 수 있는 리뷰가 있다. 대부분 좋은 내용이다. 너무 따뜻한 며칠이었다 그리고 멋진 음식솜씨에 행복했다. 자신의 나라에도 꼭 놀러 오라는 둥 하지만 가끔은 현지인 A가 자신에게 담배를 사 오도록 종용했다, 술을 사라고 강요했다, 혹은 자기 신체를 만졌다는 등의 내용도 있다. 이 사이트의 리뷰는 한번 올리면 올린 사람도 서비스를 제공한 현지인도 고치거나 지울 수가 없다. 그래서 평가가 좋고 리뷰가 많은 호스트는 대부분 내가 원하는 날짜에 이미 예약이 되어있어서 만나기가 매우 힘들었다.

며칠 고민하다 외국에 나가서 Couchsurfing을 사용하는 게스트를 하기 전에 내가 먼저 우리나라를 방문한 외국인들에게 무료 가이드를 제공해 주는 한국지역 호스트가 돼보기로 했다. 내 집에서 재워줄 수는 없지만, 혹시 서울 투어가 하고 싶으면 무료 투어를 시켜주겠다고 Couchsurfing에 글을 올렸다. 그리고 바로 연락이 왔다. Sam Yee를 강남역에서 만났다. 추운 12월이었는데 그는 한눈에도 좀 얇은 옷을 입고 있었다. 필리핀에서 어제 처음 한국에 왔다는 그는 내가 세 번째 만난 한국 호스트였다. 첫날 나는 그와 차한잔을 마시고 그 다음날 다시 만나 남산타워와 명동을 구경시켜 주었다. 그 후 그는 매년 겨울 한국에 온다. 올 때마다 만나지는 못하지만, 지금까지 서너 번 만났다. 그런 연유로 어느 해인가 그가 친구들과 함께 왔는데 그 친구들도 나의 친구가 되었다. 그리고 내가 필리핀에 처음 방문했을 때 비록 그가 마닐라에 살지 않기 때문에 마닐라에 대한 많은 정보를 주지는 못했지만 내가 좋은 여행을 할 수 있도록 따뜻하게 마음 써 주었다.

Couchsurfing을 통해 유익한 정보를 얻고 때로는 좋은 사람을 만나 친구가 되었지만, 그들의 집에서 잠을 자지는 않았다. 이란의 이스파한에서 사흘이나 만난 모하마드라는 친구가 자기 집에 식사 초대를 했다. 저녁을 먹고 자고 가라며 하나뿐인 침대를 내주었다. 사실 잠깐 고민하긴 했다. 혹시 나의 거절이 집이 남루해서 그렇다고 생각할까 봐 고민하긴 했지만 결국 그냥 호텔로 돌아갔다. 난 아직은 Couchsurfing을 통해서 숙박을 해결해 본 적은 없다.

〈해외여행 팁-준비물〉

나처럼 2주간 약 4개 나라를 여행하려면 허투루 보내는 시간을 최대한 줄이고 실수없는 계획을 세우는 게 중요하다. 아무리 계획을 잘 세워도 여행하다 보면 예상하지 못했던 여러가지 문제들이 있다. 이를테면 분실, 체력저하, 교통사고, 여행지에서의 발병 등 여행을 여러번 하다보면 이러한 돌발상황에 대처하는 요령도 터득하게 된다. 나 같은 경우는 몇년 전 멕시코에 갔다가 음식 때문에 호되게 고생한 경험이 있기 때문에 소화제, 지사제, 진통제, 해열제 등을 꼭 상비한다. 15일정도 여행하면 분실의 우려도 있기 때문에 일주일 약을 두 세트 만들어 가방 두 개에 나누어서 갖고 다닌다. 물론 대부분은 남겨 오기 때문에 그다음 여행을 준비할 때 약들의 유효기간을 꼭 확인하고 사용여부를 결정한다.

핸드폰을 두 대 갖고 가는 것도 좋은 방법이다. 출발 전 예약한 내용과 항공권 그리고 여행 일정을 두 대의 핸드폰에 모두 입력한다. 여행을 가서 한 대는 숙소에 두고 한 대는 갖고 다닌다. 사진을 찍거나 메모한 것을 두번째 핸드폰으로 매일 전송하거나 동기화를 한다. 이렇게 되면 핸드폰을 분실하더라도 두번째 핸드폰에 항공권과 예약 내용 그리고 앞으로의 일정이 있어 문제없이 계속 여행할 수 있다. 그동안 여행하면서 만들어 둔 메모와 사진 자료도 그대로 남는다. 휴대폰을 2대 가지고 가는 것은 아주 유용한 방법이다.

〈해외여행 팁-계획짜기〉

50대가 되니 젊은 날의 체력과 지금의 체력 수준이 다르다는 걸 자주 느낀다. 난 지금도 하루에 10km 이상을 산책하며 건강 관리를 하지만 새로운 여행 계획을 세울 때마다 이번 여행도 건강하게 할 수 있을 지 자신하지 못한다. 여행중 휴식과 재충전의 시간을 짜는 것은 즐거운 여행을 하기 위한 중요한 부분이다. 여행 계획을 세밀히 잘 세워야 하는 이유 중 하나가 이러한 나의 건강 상태와 방문지의 정보, 시간을 취합하여 방문지 범위를 제한하는 계획이 필요하기 때문이다. 주요 관광지의 동선을 파악하고 이동시간을 계산하여 그다음 날도 충분한 에너지를 가지고 하루를 시작할 수 있도록 아쉽더라도 선택된 관광지만 가야 한다. 이러한 계획은 문화유산이 많은 방문지에서 더욱 고민하여 세워야 한다. 관광지가 넘치는 도시에 가면 난 먼저 트립어드바이저 앱을 이용하여 인기 관광명소를 선정하고 리뷰가 많은 곳 순서대로 방문할 곳의 리스트를 만든다. 그중 가장 가고 싶은 곳을 결정한 후 구글맵을 이용하여 첫번째 방문할 관광지와 다른 관광지와의 거리를 계산하여 그날 하루 방문할 관광지의 숫자를 결정한다. 가고 싶은 박물관이나 미술관이 있는 도시에서는 하루 정도를 박물관이나 미술관에서 보내고 다른 곳의 방문을 포기한다.

남미 여행 때였다. 인천에서 출발하여 암스테르담을 거쳐, 리우 데자네이루로 가는 일정이다. 새벽에 암스테르담으로 도착하여 1박을 하고 그다음

날 저녁 비행기로 출발하는 일정이었다. 솔직히 1박 2일 동안 갈 곳이 너무 많았다. 출발 전 며칠을 고민 끝에 박물관 투어를 하기로 결정했다.

안나 프랭크의 집과 반고흐 박물관, 국립박물관 그리고 현대미술관에 가기로 했다. 튤립 투어나 하이네캔 박물관 관광도 가고 싶었지만, 두 군데 모두 숙소와 거리가 좀 있었고 그곳을 다녀오면 박물관들이 닫을 시간이라 어쩔 수 없었다. 한국에서 밤 비행기로 출발해서 새벽에 도착해서 다음날 또 밤 비행기를 타야 하므로 많은 일정을 소화하는 건 체력적으로 무리가 있었다. 서울에서 안나 프랭크의 집 입장권과 반고흐 박물관의 입장권을 인터넷으로 미리 예매했다. 암스테르담에 아침 일찍 도착해서 짐을 호텔에 맡겨두고 10시부터 관광을 시작하여 두 시간 간격으로 두 곳의 박물관을 관람하고 오후에 일찍 호텔로 들어와 쉬다가 저녁을 먹고 암스테르담의 명물인 홍등가를 구경했다.

그다음 날은 아침 일찍 한 시간쯤 산책을 하고 호텔 체크아웃 시간인 12시까지 휴식을 취하다 오후에 국립박물관과 현대미술관을 방문하고 저녁 식사를 좀 일찍하고 공항으로 갔다. 체력적 안배를 한다고 좀 여유 있게 계획을 세웠는데 10시간이 넘는 비행을 하루걸러 연속으로 해서인지 리우 데 자네이루에 도착해서는 파김치가 되어 도착한 당일은 호텔에서 휴식을 해야만 했다. 원래 그 날 계획은 '코파카바나 해변에 가서 수영하기'였는데 날씨가 생각보다 추워서, 설령 시간도 되고 컨디션이 좋았어도 수영하기에는 추운 날씨라 계획 실행은 쉽지 않았을 것 같았다.

〈해외여행 팁-숙박〉

　숙박료의 기준은 참 다양하다. 자신이 갖고 있는 기호와 방문지의 물가에 따라 천차만별이다. 나이가 젊거나, 사람 만나는 걸 좋아하는 성격이면 유스호스텔이나 한국인이 운영하는 한인 민박을 이용하는 것도 좋다고 생각한다. 이란과, 두바이에서 한인 민박을 이용했는데 한식도 잘 나오고 주인으로부터 한국말로 현지 정보를 들을 수 있어 좋았다. 특히 두바이 민박집 '정민이네 집'에서 숙박했을 때 음식이 너무 훌륭하고 주인분의 따뜻한 마음씨가 느껴져서 좋았던 기억이 있다.

　쿠바에 갔을 때는 도무지 어디에서도 호텔을 예약할 수가 없어서 에어비엔비를 통해 CASA(까사)[2]를 예약했다. 8일 동안 3군데의 까사를 갔었는데 주인들이 모두 순박하고 정이 넘쳤다. 사실 난 비용이 좀 들어도 아바나의 명물인 호텔 내셔널에서 숙박하고 싶었는데 당시 들리는 이야기로 미국의 한 여행업체가 연간 계약을 해서 자신들의 패키지 손님들만 숙박 시킨다고 했다. 결국 숙박은 못했지만 그래도 호텔 내셔널에 가서 부에나 비스타 소셜 클럽[3]의 전통을 이어받았다는 좀 젊은 뮤지션들이 등장하는 부에나 비스

---

2) 까사(CASA): 이탈리아어로 집을 뜻한다.

3) 부에나 비스타 소셜 클럽: 1940년대 쿠바 하바나에 있었던 가장 유명한 사교 클럽의 하나였으며, 환영받는 사교 클럽이란 뜻.대표적인 노래 중 하나인 Hasta Siempre - Comandante Che Guevara 로 체 게바라를 기리는 곡이다. 작곡가 카를로스 푸에블라가 작곡한 노래로 부에나 비스타 소셜 클럽이 부른 버전이 아주 유명하다.

타 소셜클럽 공연 관람을 했다. 공연 포스터는 호텔 내셔널은 아니고 로컬 극장에서 진행한 부에나 비스타 소셜 클럽의 공연 포스터인데 개인적으로 이곳 공연이 최고였다.

아바나의 호텔 니시오날 데 쿠바(Hotel Nacional de Cuba)

아바나의 호텔 니시오날 데 쿠바(Hotel Nacional de Cuba)는 쿠바에서 가장 오래된 호텔이다. 1930년에 개관했으니 1928년 지어진 홍콩의 페니슐라 호텔과 거의 비슷한 시기에 지어졌다. 안타깝게도 이 호텔은 홍콩의 페니슐라 호텔만큼 개보수 공사가 잘 안되어 있다. 느린 엘리베이터와 낡은 테이블과 의자를 그대로 사용하고 있다. 고풍스러운 멋이 있지만 불편한 호텔이다. 1930년대 밀주로 돈을 번 미국의 마피아들이 돈세탁을 위해서 쿠바에 투자를 많이 했는데 그때 투자된 호텔이다. 1959년 쿠바 혁명 전까지는 미국인 관광객이 주요 고객이었다. 십자가 두 개를 이어 붙인 설계로 디자인된 호텔이다. 지금은 낡고 불편하지만, 고풍스러운 멋이 있는 호텔이다. 우리나라의 조선호텔이 1914년 개관하여 100년이 넘는 기록이 있지만 그 전 건물은 허물고 1970년 지금의 건물을 새로 지어서 예전의 흔적이 없는 것이 아쉽다. 지금 조선호텔 건물도 충분히 아름다운 만큼 홍콩의 페니슐라나 쿠바의 호텔 내셔널처럼 지금부터라도 100년 넘게 유지되기를 바란다.

첫 번째 까사는 한국인들이 많이 간다는 곳이었는데 정말 나를 포함한 투숙객 3명 모두가 한국인이었다. 그곳은 침대 하나당 1박에 10불이었다. 그 다음 까사는 집 전체를 빌려주는데 20불이었다. 근데 그곳은 나 혼자 큰집을 쓰려니 을씨년스러워서 하루만 자고 나왔다. 마지막으로 갔던 곳이 제일 시설이 좋고 주인 부부와 아이들도 밝고 쾌활하여 지내기가 좋았다. 그곳은 1박에 25불인데 방안에 선풍기 2대와 침대2개 화장실이 있었다.

암스테르담에 갔을 때 호텔이야기를 안할 수 없다. 암스테르담에서는 1박만 할것이라 숙소를 중앙역 근처로 정했다. 암스테르담의 호텔들은 너무 비싸다. 난 200불 정도에 암스테르담 중앙역 바로 앞에 있는 IBIS 호텔에 머물렀다. 난 이 호텔을 생각할 때마다 좀 어처구니가 없다. 호텔 직원들은 모두 미소를 지으며 응대해 주지만 직원마다 물값을 다르게 받고 물을 끓일 수 있는 전기 주전자를 달라니까 처음엔 없다고 하다가 나중에 갖다주었는데 안에 녹이 슬어 도저히 사용할 수가 없었다. 물론 중앙역 앞이라 이동이 편리하고 공항에도 쉽게 갈 수 있는 큰 장점 때문에 그곳을 정했지만, 창문을 열면 소음도 심했다. 다음에 다시 암스테르담을 가게되면 이 호텔은 피할 것 같다. 부에노스아이레스에서도 IBIS 호텔에 숙박했는데 직원들이 훨씬 친절하고 방 컨디션은 더 좋았다. IBIS 호텔은 세계 어디를 가나 방 모양이 비슷해서 그곳만의 익숙함 때문에 비행기를 갈아타는 기착지에서는 하룻밤 지내기에 아주 괜찮은 이미지를 갖고 있었다. 그런데 암스테르담에서 그 좋은 이미지가 깨졌다.

숙소 위치는 짧게 머무는 도시에서는 되도록 중앙역 근처를 숙소로 정하고 3박 이상 하는 도시는 한국의 인사동이나 강남역같이 시내 근처로 숙소를 정한다. 예약은 주로 호텔스닷컴이나, 아고다 같은 앱을 통해 호텔을 예약하고 에어비앤비나 네이버 검색을 통해 예약하기도 한다.

가격은 주로 100불~150불 정도의 숙소를 찾는데 좀 물가가 저렴한 나라는 150불을 지불하면 5성급 호텔에 숙박할 수도 있다. 그런 고급 호텔들은 택시를 검문해 주고 택시 번호를 기록해 주는 등 치안 문제에도 적극적으로 대응해 주기 때문에 안심이 된다. 인도네시아, 캄보디아, 아제르바이잔 등에서는 5성급의 정말 멋진 호텔에 머물렀고 치안이 안 좋지만 그렇다고 적극적 대응을 해주는 것도 아닌 브라질 등에서는 100불정도를 지급하고 위치가 좋은 작은 호텔에 숙박했다.

〈해외여행 팁-항공권 구매〉
비행기를 예약할 때 난 주로 Skyscanner(스카이스캐너) 앱을 이용하는데 남미를 여행할 때는 Momondo(모몬도) 앱도 유용하게 이용했다. 지금은 저가 항공은 되도록 타지 않으려 한다. 저가 항공을 타면 수하물 하나씩 가격을 매기고 비행기에 갖고 탈 수 있는 가방의 규정도 좀 타이트하게 되어 있어서 이것저것 돈을 내다보면 일반 항공을 좀 싸게 구매하는 것이 편리하다고 판단됐다. 항공사 마일리지 적립을 추천해 주고 싶다. 대한항공도 좋고 아시아나도 좋다. 아래 내용은 신문 기사에서 갖고 왔다.

대한항공의 '세계 일주 보너스 항공권'은 델타항공, 에어프랑스 등 총 전 세계 19개 스카이팀 항공사가 운항하는 구간을 이용해 전 세계를 여행할 수 있는 마일리지 상품이다. 2000년 7월 하나의 항공권으로 스카이팀 창립 항공사를 이용, 전 세계를 여행하는 혜택을 주기 위해 만들어졌다고 한다. 이코노미석은 14만 마일, 비즈니스석은 22만 마일이 필요하다.

세계 일주 항공권을 구매하면 태평양과 대서양을 횡단해 동쪽 또는 서쪽으로 여행하면서 지구를 한 바퀴 돌 수 있다. 규정은 까다로운 편이다. 총 6회까지만 원하는 도시에 체류가 가능하며, 대륙별 체류 횟수도 최대 4회로 제한된다. 이를테면 인천에서 출발해 인도네시아 자카르타, 네덜란드 암스테르담, 그리스 아테네, 레바논 베이루트, 프랑스 파리, 미국 뉴욕을 여행한 뒤 다시 서울로 돌아오는 여정이 가능하다. 대한항공 관계자는 "보통의 이용객들은 좌석 등급을 높이거나 일부 구간의 보너스 항공권을 구매하는 데 마일리지를 사용한다."며 "세계 일주를 위해 마일리지를 14만 마일 이상 모으는 회원은 극히 드물다. 정말 여행을 좋아하는 사람들만 구매한다."고 설명했다. 지난 20년 동안 전체 마일리지 회원 중 0.01%만 세계 일주 항공권을 구매했다고 한다.

아시아나항공은 비슷한 규정으로 일반석 14만 마일 비즈니스 23만 마일로 세계 일주 항공권 구매가 가능하다. 물론 유류세와 세금은 내야 한다. 2023년 현재 대한항공의 세계 일주 프로그램은 폐쇄됐지만 아시아나 항공의 세계 일주 프로그램은 유지되고 있다. 세계 일주 항공권이 아니더라도 마일리지를 이용한 항공권 구매는 여행경비를 아낄 수 있다. 대한항공 스카이팀 편도 항공권은 마일리지로 구입할 수 없다. 편도를 가더라도 리턴만큼의 마일리지를 공제한다. 아시아나의 스타 얼라이언스는 편도 항공권도 마일리지로 구입할 수 있다. 남미나 동유럽에서 이동할 때는 스타 얼라이언스를 더 유용하게 사용했다.

2019년 남미 여행을 할 때 대한항공의 스카이팀 세계 일주 프로그램을 이용하여 18일간 유럽 1개국 남미 6개국과 미국을 경유해서 귀국했다. 당시 예약할 때 칠레 산티아고에서 LA로 가는 비행기 편이 스카이팀 항공사에 없어서 아시아나 항공의 스타 얼라이언스 항공사 중 콜롬비아의 아비앙카 항공사를 이용하여 콜롬비아를 경유해 LA에 갔다. 그러니까 대한항공 마일리지와 아시아나의 마일리지를 모두 사용하여 여행을 완성할 수 있었다. 혹시 마일리지를 모으고 있다면 대한항공과 아시아나항공을 나누어서 마일리지를 적립하라고 권하고 싶다.

물론 앞으로 두 회사가 통합하여 마일리지가 합해질 수도 있지만 그건 아직 알 수 없는 이야기이고, 내 경험에 의하면 인천공항 출발의 경우 대한항공의 보너스 항공권이 아시아나보다 구매하기가 좀 더 수월하다. 하지만 해외에 나가면 이야기가 달라진다. 한국 출발이 아닌 해외에서는 아시아나의 스타 얼라이언스 항공사들이 좀 더 숫자가 많고 더 좋은 브랜드들인 것처럼 느껴지며 항공사 예약도 좀 더 수월했던 경험이 있다. 칠레 산티아고에서 LA에 갈 때 경험도 그렇고 독일의 루프트한자, 태국의 타이항공 등 노선이 막강한 좋은 항공사들이 스타 얼라이언스에 많다.

라운지에서 이용할 수 있는 카드가 하나쯤 있으면 좋다. 나는 Prioritypass(프라이올리티패스)카드를 갖고 있는데 공항 라운지에서 무료 식사와 음료를 제공하며 어떤 공항은 샤워도 할 수 있다. 물론 카드 등급에 따라 이용이 한 달에 한 번 혹은 한 해에 몇 번 등으로 제한되기도 하지만, 있으면 훨씬 유용한 카드다. 이 카드는 연회비가 좀 높은 크레딧 카드를 만들면 무료로 주는 경우도 있는데 그 카드를 이용해서 항공사 마일리지를 모으면 처음에 연회비가 좀 들더라도 유용하게 쓸 수 있다. 내 기억에 뉴델리 공항과 타이베이 공항의 Prioritypass 라운지가 좋다. 음식도 훌륭하고 다른 Prioritypass 라운지에 비해서 좌석도 여유 있었다.

대략적으로 보름의 여행경비 계획은 이렇다.

비행기:	120만원 + − α
숙박비:	140만원 (1박당 10만원)/2인 여행시 1박 20만원
식비:	98만원 (1일 7만원)
입장료:	20만원
교통비:	20만원 (비행기를 제외한 교통수단)
잡비:	50만원 (물값, 각종 구입비, 모자라는 식비 숙박비등)
합계:	448만원 + − α

물론 이것보다 더 적은 돈으로도 여행이 가능하다. 쿠바에서 만난 그 청년은 일 년동안 40여 개 나라를 여행하는데 약 3천만원 정도를 지출했다고 했다. 그 청년이 보기에 나처럼 여행하면 좀 낭비라고 볼 수도 있을 것 같다.

앞에 설명한 것처럼 50대인 내가 여행하려면 초호화 여행은 아니더라도 이 정도 수준은 되어야 갈 만하다. 숙박을 좀 더 저렴한 곳에서 해본 적도 있고 비행기 대신 기차나 버스를 타보기도 했지만 50대인 나와 맞지 않다고 판단됐다. 가능하면 비행기를 이용하고 여의찮으면 기차, 그리고 버스 순서대로 선택했다. 브라질 이구아수 폭포에서 파라과이에 갈 때 버스를 탔다. 버스비용이 얼마였는지는 기억이 안 나지만 우리나라 시내버스보다 훨씬 못한 수준의 버스였다.

아르헨티나 쪽에서 처음에 출발할 때는 사진처럼 휑하니 아무도 없었는데 국경에 가까이 가자, 사람들이 많이 탔다. 자리가 모자라서 못 앉는 사람은 없었지만, 대부분의 사람들이 계란을 양손 가득 갖고 타서 의자 밑으로 감추었다. 아마도 아르헨티나에서 계란을 많이 갖고 가면 세금을 매기나보다. 사진으로도 보이겠지만 이 버스는 정말 로컬버스다. 이 버스로 국경을 넘고 계란밀수도 하는 광경을 목격했다. 어쩌다 한번은 괜찮다. 하지만 이런 버스를 이용하는 기준으로 여행계획을 짜기에는 내 나이에는 무리가 있다.

나는 쿠바에 가기 전에도 해외에 자주 나갔다. 대학을 유럽에서 다녔는데 그때 같이 공부했던 아시아 동문들과 2014년부터 일 년에 한 번씩 아시아의 한 나라를 정해서 동창회를 한다. 주로 물가가 저렴한 태국이나 인도네시아에서 했지만, 대만이나 홍콩에서도 동창회를 했다. 해외에서 대학에 다녔어도 친한 외국인 친구를 두는 게 쉽지 않은데 졸업 후 영원히 못 볼 줄 알았던 친구들을 페이스북에서 다시 만나 일 년에 한 번씩 반가운 얼굴들을 볼 기회가 생긴 것이다.

내가 처음 동창회에 참석할 즈음에 홍차에 빠져 있었다. 홍차는 학창 시절 영국에 살아서인지 왠지 고향의 맛처럼 친근감 있다. 조금 관심을 가져보니 홍차는 이것저것 흥미로웠다. 그즈음부터는 출장을 가서도 가족 여행을 가서도 친구들과 여행을 가서도 시간을 내어 그 지역의 유명 Tea Room(티룸)을 방문했었다. 대학 때 친하게 지냈던 인도 친구가 결혼식에 초대했을 때 인도의 차문화를 경험하고 싶어서 흔쾌히 인도에 갔다.

이 책에서는 보름씩 세계 일주를 위해 떠났던 여행지들과 함께 방문했던 Tea Room에 대해서 한 두군데 소개하려 한다. 사실 이 책보다 세계의 Tea Room이란 책을 출간하고 싶었는데 보름씩 떠나는 세계일주를 먼저 출간하게 되었다. 여행을 가면 난 구석구석 세밀하게 보며 시간에 쫓기듯 여기저기 들러보는 관광보다는 유명 여행지 몇 곳 한정해서 들리고 나서 남는 시간에 맛있는 것도 먹고 좋아하는 Tea Room을 가는 여행을 선호하는 편이다. 그래서 그동안 다녔던 Tea Room에 대한 별도의 소개 책자를 다음에 한 번 내어 볼 생각이다.

여행 계획을 동행자와 함께 세울 때가 있다. 이럴 때면 계획을 몇 번이나 더 시뮬레이션 해보고 검토해 본다. 동행자의 여행 스타일을 먼저 파악하여 여행 규모와 예산을 정하고 여행을 많이 다녀본 사람인지 초보자인지, 그리고 좋아하고 피하는 음식은 무엇인지에 따라 스케줄을 의논하여 세워 나간다. 혼자 하는 여행은 자신을 만나는 시간, 둘이 하는 여행은 서로를 알아가는 시간, 여럿이 하는 여행은 그들을 배려하고 양보하는 시간이다. 동행과 함께하는 좋은 여행을 위해서는 양보와 배려가 우선시 되어야 한다고 생각한다. 서로 가고 싶은 방문지가 다를 수 있고 먹고 싶은 음식이 틀릴 수 있다. 심지어 하루를 시작하는 시간도 서로 다를 수 있다. 내가 여행을 많이 다녀봤으니까, 모든 일정과 코스를 내가 결정하겠다는 마음으로 여행을 다녀오면 그 여행 이후 동행했던 사람들을 또 다시 못 만날 수도 있다. 독단적인 여행 스케줄로 말은 하지 않아도 오해와 갈등을 야기시킬 수 있는 소지가 충분히 있을 수 있기 때문이다.

따라서 여행 스케줄을 짤 때는 항상 동행하는 사람들에 대한 의견 청취는 물론 배려와 양보를 먼저 생각해야 한다. 심지어 혼자 하는 여행도 내가 만날 사람들에게 배려와 양보가 없으면 결코 좋은 시간으로 채울 수가 없다.

가족여행으로 세계일주를 하는 건 좀 생각해 볼 문제다. 부부여행은 좋지만, 여행경험이 많지 않은 연로하신 부모님이나 너무 어린 아이들을 동반한 가족여행에 대해서는 뭐라고 판단하기가 좀 힘들다.

가끔 버스를 타고 세계일주를 했다는 가족이나 아이들 학교를 일 년간 쉬고 세계일주를 했다는 가족들에 대한 이야기를 들어 본다. 우선 큰 문제 없이 여행을 마친 것이 큰 다행이라 생각했다. 하지만 세상은 어떤 일이 언제일

어날지 알 수 없는 곳이기도 하고 위험 상황에서 제대로 대처를 못하는 순간
도 있다. 난 쿠바와 카자흐스탄에서 택시기사가 엉뚱한 곳으로 안내한 후 돈
을 더 내놓으라는 협박을 받은 적도 있고 소매치기도 당한 적도 있었다. 제
일 심각했던 때는 남미에 갔을 때 고산증과 함께 기관지염을 앓았는데 항생
제를 구하지 못해 며칠간 너무 아팠던 기억이 있다. 그 외에도 수없이 많은
예상하지 못했던 일을 겪었다.

　가족여행은 사랑하는 가족과 행복한 순간을 함께 하는 장점이 있지만 그
에 못지 않게 여행에서 발생할 수 있는 위험과 불행을 최소화하기 위한 면
밀한 계획을 세우는 것도 중요하다. 세계일주를 온 가족이 함께하는 건 정
말 용감한 선택이라고 생각하지만, 개인적으로 난 못할 것 같다.

　이 책에서는 내가 갔었던 나라들의 관광지를 전부 다 자세하게 소개할 수
는 없을 것 같다. 다만 세계일주라는 목표에 집중해서 직장을 다니거나 자
영업을 해서 많은 시간을 낼 수 없는 일반인들-그러나 세계일주의 원대한
꿈을 꾸고 있는 - 그들에게 도움이 되는 정보를 주려고 최대한 노력했다. 지
금까지 여행의 취지와 준비 과정을 소개했다. 나라마다 자세한 관광지의 소
개보다는 그 **나라에 갔을 때 내가 느끼고 생각한 내용에 집중하려** 한다. 여
행하면서 어떻게 이동하고 무엇을 먹었고 누구를 만났는지 등도 물론 중요
한 여행의 일부분이다. 하지만 그런 정보들은 인터넷에도 넘쳐나기 때문에
이 책에서는 최소화하려고 한다.

　이글은 내가 세계일주를 결심하고 지난 8년간 기록한 사진과 메모를 바탕으

로 작성했다. 8년 전 나의 시각과 지금의 나의 시각은 다르지만, 사람은 변하지 않는다. 표현이 서투르고 관심사가 바뀌었을 수는 있어도 여행에 대한 느낌과 전달하려는 내용은 8년 전과 같다. 여러 나라를 여행했고 쓰고 싶은 나라들도 많지만, 책 한 권으로 구성해야 하는 지면의 한계로 몇 개의 나라만 우선적으로 다루기로 했다.

어찌 보면 한권의 책에 한 나라만 다루어도 모자랄수 있으나 간략하게 줄여서 1년간 15일 정도의 휴가를 내어 다닐 수 있는 3~4개국 단위로 여행 경험을 집필해 보았다. 이 책에서는 5일간 여행한 이집트와 7일간 여행 했던 페트라와 이스라엘, 15일간 여행한 포르투갈과 아이랜드, 영국을 다녀온 여행 경험을 공유해 보기로 한다.

세계일주를 꿈꾸는 여러분을 응원하면서 나의 여행 경험이 또 다른 세계를 향한 여러분들의 행보에 조그만 도움이라도 되기를 기원한다.

01

이집트 EGYPT

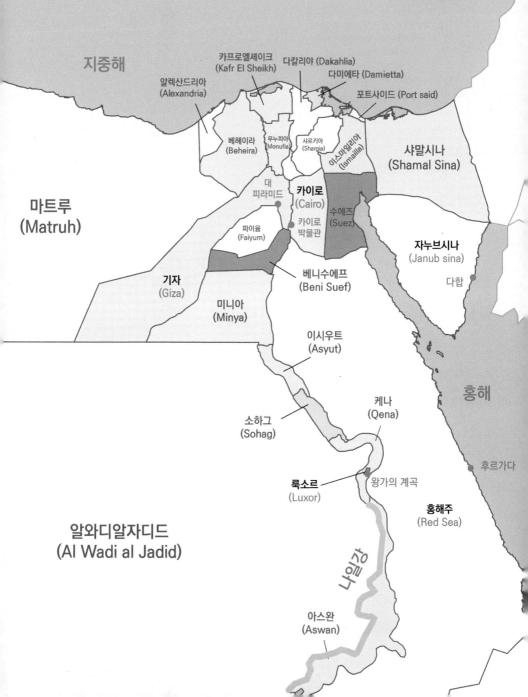

이집트 지도 _____ _ _____

EGYPT

지중해

알렉산드리아 (Alexandria)

카프로엘셰이크 (Kafr El Sheikh)

다칼리야 (Dakahlia)

다미에타 (Damietta)

포트사이드 (Port said)

베헤이라 (Beheira)

무누피아 (Monufia)

샤르키아 (Shargia)

이스마일리아 (Ismailia)

샤말시나 (Shamal Sina)

마트루 (Matruh)

대 피라미드

카이로 (Cairo)

카이로 박물관

수에즈 (Suez)

자누브시나 (Janub sina)

파이윰 (Faiyum)

기자 (Giza)

베니수에프 (Beni Suef)

다합

미니아 (Minya)

이시우트 (Asyut)

케나 (Qena)

홍해

소하그 (Sohag)

룩소르 (Luxor)

왕가의 계곡

후르가다

홍해주 (Red Sea)

알와디알자디드 (Al Wadi al Jadid)

나일강

아스완 (Aswan)

이집트 EGYPT

▼ 이집트 ▼

여행기간 2023.4.11(화)-15(토)

　이집트는 문명의 발상지라고 하는 메소포타미아 문명이 발현된 나일강이 있는 곳이다. 문명의 발상지를 가보고 싶다는 생각에 이집트로 가기 위한 계획을 세웠다. 하지만 현실은 만만치 않았다. 계획을 세우고 취소하기를 지난 몇 년간 서너 번을 했다. 갑자기 코로나가 시작되어 피치 않게 계획을 취소해야 했고 때로는 예상치 못한 업무와 급작스러운 개인적인 일로 인해 계획을 취소해야 했다. 이집트에 가려고 할 때마다 무언가 일이 생겨 이집트와는 인연이 안되는가 싶은 생각이 들 정도였다. 그리고 최근에는 이집트 여행을 갈 만큼 며칠이나 시간을 내기가 쉽지 않았다.

　머릿속 계획으로는 카이로에서 출발하는 룩소행 야간열차를 타고 가서 왕가의 계곡을 들려 관광하고 이후 다합이나 후르가다로 들어가서 며칠 해변 관광도 즐기는 열흘 정도의 여행을 생각했는데 그 계획을 진행할 만큼의 시간이 도무지 나지 않았다. 전혀 시간이 나지 않는 건 아니었으나 며칠 시간을 낼 수 있으리라 생각했을 때는 곧 다른 스케줄이 닥쳐서 이집트에 갈 수 있는 상황이 또 연기되었다. 그러다 4월 중순에 며칠 시간이 났다.

과연 내가 이집트에 가서 보고 싶은게 무언가 라는 생각을 곰곰히 해봤다. 개인마다 여러 취향이 있을 수 있고 선호하는 장소도 다양하겠지만 내게 첫 번째는 단연코 피라미드였다. 이집트는 고대 문화유산의 보고 같은 곳이라 갈 곳도 볼 곳도 많은 곳이다. 가급적 여유 있게 시간을 내어 많은 곳을 둘러 보고 싶었지만 어차피 가지 못하는 것 보다는 짧게라도 가서 가장 보고 싶은 것 하나라도 보고 오자는 생각이 들었다. 이집트의 모든 문화유산을 다 가보고 피라미드를 못 보는 것과 피라미드만 보고 나머지를 모두 못 보는 것, 두 가지 중 하나를 선택하라면 대부분 후자를 선택하지 않을까? 나 역시 그랬다. 피라미드 관람을 메인으로 하고 삼일 간 이집트를 다녀오기로 결정했다.

피라미드는 이집트 이곳저곳에 백여 개가 있지만 내가 보고 싶은 피라미드는 카이로 기자지구에 있는 그 유명한 대피라미드다. 영어로는 Great Pyramid of Giza(그레이트 피라미드 오브 기자), Pyramid of Khufu(피라미드 오브 쿠푸)인 이 피라미드는 약 4,500년전 이집트 제4왕조의 파라오였던 쿠푸의 무덤으로 세계 7대 불가사의 중 하나이다. 그리고 카이로에는 그 유명한 투탕카멘의 황금마스크를 비롯한 수많은 유물과 보물을 전시해 놓은 이집트 박물관이 있다. 이 두 곳만 제대로 둘러봐도 이집트 여행에 대한 갈망을 어느 정도 해소할 수 있을 것 같았다.

그래서 이 두 곳을 메인으로 하여 2박 3일 카이로 여행을 가기로 했다. 여행은 2박 3일이지만 실제는 오고 가는 비행기 안에서의 2박을 더하면 4박 5일의 여정이 된다. 2박 3일의 관광을 알차게 보내기 위한 계획을 세웠다. 첫날은 이집트 박물관을 가고 저녁엔 크루즈에서 밸리댄스를 관람한다. 둘째

날은 피라미드와 스핑크스 관광을 하고 호텔 근처 시내 관광을 한다. 마지막날은 시타델[1]과 시내투어를 한다.

이집트 관광에 대한 조사를 하다 보니 호객행위를 하는 택시기사들과 상인들 때문에 너무 불쾌하고 지친다는 동영상과 블로그의 글을 많이 볼 수 있었다. 그러나 이번에 이집트에 갔다 온 내 경험으로는 동영상이나 블로그에서 표현한 것만큼 호객행위가 그렇게 심하지는 않다고 느꼈다. 이 정도의 호객행위는 유명 관광지가 있는 나라에서는 어디든지 볼 수 있는 수준으로 생각되었다.

여담이지만 내가 경험한 최고의 호객행위는 쿠바의 아바나에서 일어난 일이다. 그곳 시내 식당 앞에서 만난 어느 남자가 나에게 Gohiba Cigar(고히바 시가)를 사라고 무려 세 번이나 같은 자리를 지날 때마다 나타나 한 50여미티씩이나 따라다니며 강권을 했다. 첫날 무심코 '다음에 살게' 하고 이야기했다가 그걸 기억하고선 그다음 날부터 내가 지나갈 때마다 '너 어제 나랑 약속 했잖아 하나 사줘' 라고 하면서 Gohiba Cigar를 강권했다. 그가 판매하는 시가의 정품여부에 확신이 없어서 아무것도 안 사줬지만 그다음부터는 그가 있는 골목은 우회해서 다닐만큼 압박감은 상당했다.

이집트에서의 스케줄을 좀더 구체적으로 세워 보았다. 첫날 도착 후 숙소 앞에 있는 카이로 박물관을 관람하고 근처에서 점심을 먹는다. 저녁에는 인터넷으로 미리 예약한 크루즈를 간다. 이 크루즈 패키지는 개인 가이드가

---

1) 시타델(城砦, citadel): 마을, 읍, 소도시 등 거주지의 일부로서 존재하는 요새다. 유사시 도시 방어의 핵심 역할을 하는 곳이다. "시타델"이라는 말은 "작은 도시(시티)"라는 뜻이다.

포함되어 있다. 저녁 개인가이드 총 비용 75불 (맥심크루즈(Maxim Cruz) 포함). 호텔에서 픽업해서 공연이 끝나면 호텔에 데려다 준다. 난 저녁에만 이용하는 크루즈만 예약했지만 개인 가이드를 이용한 풀데이(Full Day) 투어는 150불이다.

둘째날은 그룹투어를 한다. 총비용 70불 이날은 한국말을 잘하는 유명한 이집트 가이드의 그룹투어를 간다. 이 가이드는 한국사람들에게 인기가 많은데 피라미드와 스핑크스를 배경으로 사진을 재미있게 찍어준다.

셋째날은 우버와 택시를 이용해 혼자 관광한다. 여행 전까지는 아직 이날 스케줄을 정하지 않았다. 시타델은 첫 방문지로 가고 다른 방문지는 현지에 가서 정보를 더 얻어서 결정하기로 했다.

인천공항에서 이집트의 카이로를 가는 직항이 없어 사우디 항공을 타고 리야드(사우디의 수도)로 먼저 갔다. 그곳에서 환승하여 카이로에 도착했다. 비행시간과 대기시간을 합쳐 20시간이 넘는 여정을 소화하고 이집트에 도착한 건 오전 9시였다.

처음으로 맞닥드린 이국적인 건물들이 멋있다. 중동지역의 이집트 답게 아침부터 햇살이 강렬했다. 택시를 타고 이집트 박물관 근처에 있는 호텔로 이동을 했다. 도착 첫날 투탕카멘을 만나러 이집트 박물관에 갈 계획이라 박물관과 가까운 호텔로 숙소를 정했는데 나중에 보니 아주 잘한 결정이었다.

항공에서 본 이집트

이국적 건물

이집트 박물관

이집트 박물관 내부

투탕카멘 전시장은 2층에 있다.

드디어 투탕카멘을 만난다. 이곳은 촬영이 허락
되지 않아 아쉽지만 사진은 없다. 이미 사진으
로 여러 번 보았던 황금마스크를 직접 보았다.
솔직히 별다른 느낌은 없었다.

고고학이나 역사학을 잘 모르는 내가 보아도 진귀하고 값진 보물들이 많았다.

박물관 앞에 마차들이 호객행위를 한다.

나일강변을 걸어본다. 수많은 소설과 영화에 나왔던 유명한 강이다. 이집트 특히 카이로는 4월에 여행을 하는게 좋은 것 같다. 덥지도 춥지도 않은 완벽한 날씨다. 태양은 뜨겁지만 기온이 높지 않아 다니는데 큰 지장이 없다. 성수기인 12월에 비해 호텔가격도 20~30%정도 저렴하다. 관광객도 그렇게 많지 않아 대접받으며 다닐 수 있다.

점심을 먹으러 포시즌 호텔에 왔다. 이 호텔에는 유명한 두개의 식당이 있다. 아시아 부페(Buffet) 레스토랑과 유럽스타일 레스토랑 Rivera다. 두 곳 모두 나일강이 보이는 멋진 뷰의 레스토랑인데 Rivera에는 식사하러 온 유럽사람들이 많았다. 아시아 부페는 약 80불정도한다.

3층에 있는 Rivera 식당이다. 이 식당이 좋아서 한 번 더 방문을 했다.

창밖으로 나일강이 보인다. 날씨도 풍경도 완벽하다.

Le baron라는 이집트 스파클링 샤도네이를
한잔 시킨다.

산뜻하고 가벼운 맛이다. 이집트 와인은
처음 마셔보는데 좋은 와인이다.

포시즌 호텔 리베라 식당

인생 버섯스프

인생 버섯 스프를 만났다. 너무 맛있는데 어떻게 표현해야 할지 모르겠다. 일단 빵이 담긴 그릇을 갖고 와서 버섯 스프를 부어준다. 적당한 온도의 스프와 유능한 직원의 멋진 프레젠테이션 덕분에 더 좋은 맛을 내는 것 같다.

문어는 맛있지만 다소 밋밋한 맛이다. 뜨겁게 서빙된 건 아주 칭찬할 만하다. 소스가 좀 진하다. 소스양이 좀 적은것 아닌가 하고 생각했는데 적은 양 답게 강한 맛을 낸다. 매운 맛도 살짝 있다.

문어요리

밀라노 스타일 송아지 정강이 요리

밀라노 스타일 송아지 정강이 요리가 이곳 매니저가 추천해 준 요리이다. 생선을 먹을까 했는데 문어를 먹었으니 메인은 이걸 먹으라고 추천해 줬다. 유럽식 돈까스인 슈니첼의 고급 버전이라고 생각하면 될 것 같다. 뼈부분이 함께 있으니 좀 더 고급 요리 같아 보인다. 송아지 스테이크에 바삭함을 더 했다고 하는 표현이 더 맞는 것 같다.

매니저가 와서 송아지 요리가 어떠냐고 묻는다. 별로라고 했다. 음식자 체가 별로가 아니라 새로운 음식맛을 기대했는데 한국에서 먹던 돈까스와 비슷한 익숙한 맛이라고 설명해줬다. 매니저가 당황하며 음식을 다른 것으 로 바꿔주겠다고 제안한다. 배가 불러 거절했지만 포시즌호텔의 고객 만족 을 위한 노력을 알 수 있었다. 멋진 인테리어에 훌륭한 직원의 서비스 …. 기분 좋은 점심이다. 2,850 이집트 파운드(한화 약 12만원)을 지불했다.

이집트에 오면 푸아그라가 먹어보고 싶었는데 아쉽지만 라마단 기간이라 가고 싶던 식당들이 문을 닫아서 푸아그라는 못 먹었다. 라마단 기간은 대부분의 좋은 식당들은 영업을 안 한다. 이번 여행에서는 프랑스 식당은 방문하지 못했다. 푸아그라가 전 세계에서 최초 개발된 나라가 뜻밖에 이집트다. 푸아그라뿐 아니라 맥주도 이집트에 최초의 기록이 남겨져 있다고 한다.

옛날 이집트의 식문화가 얼마나 화려했는지를 가늠해 볼 수 있다. 다음에 오면 홍콩이나 방콕처럼 며칠간 식도락 여행을 해보는 것도 좋을 것 같다는 생각이 들었다.

Afternoon Tea Set를 주문하고 싶었는데 이곳에서는 Afternoon Tea를 판매하지 않는다. 밀푀유[2]와 잉글리쉬 블랙퍼스트 티[3]를 한잔 시켰다. 이 밀푀유 범상치 않은 맛이다. 달지 않고 품격이 느껴지는 맛이다. 환승하며 몇시간 있었던 사우디아라비아에서도 느낀 건데 중동지방은 유제품들의 퀄리티가 좋다. 치즈나 크림의 질감이 꾸덕하다고 하는 표현이 맞는지 모르겠지만 그런 느낌에 고소함과 깊은 맛이 어우러진 맛이다. 이 지역 치즈가 먹어본 중 최고인 듯하다. 포시즌호텔의 수준 높은 식사 서비스에 만족했다. 서울의 포시즌호텔에서도 느꼈지만 서비스 수준으로 미루어 짐작하건데 포시즌 호텔은 직원 교육에 투자를 많이 하는 호텔 같다.

---

2) 밀푀유(mille-feuille): 밀푀유(Mille Feuille)의 뜻은 '천 개의 잎사귀'라는 뜻의 프랑스어로 페스츄리가 겹겹이 쌓인 형태의 디저트 이름이다.〈위키백과〉

3) 잉글리시 브렉퍼스트 티(English breakfast tea): 보통 진한 향과 맛을 가지며 우유와 설탕을 첨가해 마시기 좋은 홍차 블렌드의 한 종류이다.

1층 로비 라운지에 가서 차를 마셨다. 디저트의 숫자가 많고 수준이 높았다.

숙소 호텔로 돌아가는 길에 비가 왔다. 그런데 아무도 우산을 안 썼다. 우산을 쓴 사람은 나 혼자였다. 가볍게 내리는 비이긴 한데 아무도 우산을 안 써서 나 혼자 쓰고있기가 좀 망설여졌다.

숙소에서 피로를 풀고 예정대로 저녁에 크루즈 여행을 하기로 했다.

MAXIM CRUZE(맥심 크루즈) 밸리댄스를 보러 크루즈에 갔다. 사람들로 꽉 찼다.

이집트를 방문했을 때는 라마단 기간이었다. 이집트 사람들은 라마단 기간이 되면 저녁에 집에 있지 않는다고 한다. 하루 종일 기도와 금식으로 지친 심신을 위로하고자 해가 지고 나면 무엇이든 이벤트를 만들어 즐기려고 한다. 이걸 설명해 준 친구는 내가 이해하기 쉽도록 예를 들어줬는데 구정 때 아침 일찍 산소에 가서 차례를 드리고 오후에는 가족끼리 모여서 윷놀이를 하거나 영화를 보러 간다든지 하는 개념으로 생각하면 된다고 했다. 라마단의 저녁은 종교가 가져다준 한달 간의 바캉스인 셈이다. 크루즈에 사람이 정말 많았다. 관광객과 현지인들이 반 반 정도로 섞여 있는 것 같았다. 크루즈는 약 2시간 정도 나일강을 오르내린다. 부페로 차려진 음식들이 있다. 딱히 눈을 끄는 음식은 없어 보인다. 난 점심을 잘 먹어서 배가 고프지 않아 중동식 요구르트와 빵 한두 개만 먹었다.

이 요구르트는 한국에서도 중동 식당에 가면 있는 음식이다.

슈피댄스를 먼저 공연한다. 슈피댄
스 사실 이건 댄스가 아니다. 2008년
유네스코 인류무형문화유산으로 등록
된 이 댄스는 이슬람 슈피즘의 기도방
식이다. 머리를 한쪽으로 숙이고 같은
자리를 빙글빙글 돌다 보면 무아지경
에 빠진다. 그때가 신과 만나는 순간이
라고 한다. 신과 만난 무희는 사람들과

슈피댄서

신의 축복을 나눈다. 종교적인 의미를 지닌 검은색 조끼와 흰색 수의를 입고
추는 춤인데 지금은 관광 상품화되어 이러한 화려한 의상을 입고 춤을 춘다.
춤을 추는 댄서와 공연 후 기념촬영도 할 수 있다. 수줍게 웃으며 사진을 찍
는 그가 신을 만났는지 궁금하다.

밸리댄스

다음은 오늘의 메인공연인 밸리댄스다. 밸리댄서가 정말 육감적으로
춤을 춘다. 그런데 팁을 요구하지 않는다. 난 미국과 유럽 그리고 두바이 등

에서 밸리댄스를 여러 번 관람했는데 팁을 요구하지 않는 공연은 처음인 것 같다. 팁을 주려고 5불짜리를 몇 개 준비해 갔는데 괜히 머쓱한 기분이 들었다. 그녀의 퍼포먼스를 보니 섹시하다기보다는 경이로움이 느껴진다. 장인의 포스가 느껴지는 그녀의 댄스다. 지금까지 본 밸리댄서 중 최고인 듯하다. 밸리댄스의 기원은 정확하지 않다. 다산을 기원하는 춤이었다는 설도 있고 집시들의 춤이라는 이야기도 있다. 이 춤을 세계적으로 유명하게 하는 데는 관광대국인 이집트와 터키 무희들의 기여가 컸다. 공연은 한 시간쯤 진행됐다. 관객석을 돌면서 개인 레슨을 해주기도 하고 가까이서 춤을 관찰할 수 있게 해주었다. 수준 높은 공연을 보며 즐거운 저녁 시간을 보냈다.

다시 숙소로…

　호텔 창밖으로 보이는 타흐리르 광장과 이집트 박물관 야경이다. 오른쪽이 이집트 박물관이다. 카이로의 밤은 화려하지만 치안문제는 없어 보인다. 좀도둑은 있어도 강력범죄는 없는 곳이다. 비행의 피로함도 있고 다음날 아침부터 스케줄이 잡혀 있어서 늦은 저녁에는 나가지 않고 호텔에만 있었다. 호텔 주변으로 많은 식당과 가계들이 몰려 있다.

타흐리르 광장과 이집트 박물관 야경

이틀째 날이다.

오늘도 아침부터 햇볕이 강렬하다. 오늘은 인터넷에서 유명한 현지 가이드
와 피라미드를 보러 가는 날이다. 이 가이드는 이집트 사람인데 결혼을 앞둔
한국인 여자친구가 있고 한국말을 정말 유창하게 하는 사람이다. 이집트 역사
를 잘 설명해 주고 상대방이 불편하지 않도록 배려심도 갖춘 좋은 가이드다.
나와 요르단에서 유학중이라는 학생 한명 이렇게 두사람이 함께 동행한다.

오늘의 스케줄이다.

1- 사카라 피라미드 & 우나스 피라미드와 일반인의 무덤
2- 기자 피라미드 & 스핑크스.
3- 붉은 피라미드 & 마이둠 피라미드
4- 옛날 이집트 수도 멤피스의 박물관

처음에 간 곳은 세계최초의 석조 건물인 사카라 피라미드다. 이 피라미드는 계단식으로 되어 있는데 유명한 쿠푸왕의 피라미드와 비교해 보면 규모는 작은 편이다. 사카라 피라미드 입구에 왔을 때부터 기분이 좋았다. 풍경도 바람도 따뜻한 햇볕까지 모든 것이 완벽했다. 스무 시간 동안 비행기를 타고 이곳에 온 목적인 피라미드를 만나는 것이라 괜히 들뜨고 흥분되었다.

사카라 피라미드

이 고대 건축물은 숨막히도록 아름답고 눈을 뗄 수 없도록 신비롭다. 어릴 때부터 텔레비전이나 영화에서 수도 없이 보아온 피라미드다. 난 유명 관광지에 온다는 기대가 있었을 뿐이지만 피라미드가 그 자체로 감동을 주리라고는 전혀 기대하지 못했다. 내 평생 만난 건축물 중 가장 아름다운 존재이다.

식사 후 멤피스 박물관에 갔다.

사카라 피라미드로 가는 입구다.
아무것도 없는 사막 한가운데 서있는 건물이 멋있다.

입구에 들어서면 좁은 석조터널을 지나가야 한다. 이곳에도 고고학적으로 의미 있는 벽화들이 있다.

사카라 피라미드

이곳엔 아직 발굴중인 곳들도 있다.

근처의 작은 무덤에 들어가면 이런 멋진
벽화들이 얼마나 많은 지 모른다.
정말 조상으로부터 값진 자산을 물려 받은
이집트 사람들이다.

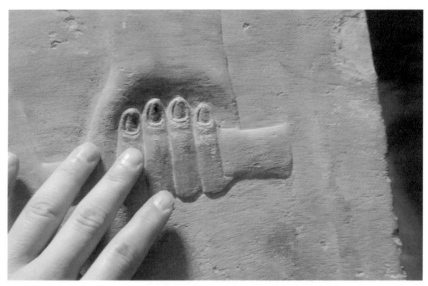

이건 양각으로 새겨진 조각이다.

점심을 먹으러 갔다.

이 아주머니 식당에 들어가자 마자 자리도
잡기전에 굽고 있던 빵을 하나 준다. 갓 구운
빵이라 무척 맛있다. 아주머니의 미소가 함께
라서 더 맛있었던 것 같다.

치킨요리를 하고 있다. 우리가 아는
치킨케밥이다.

이런 상차림에 스프와 치킨을 준다. 식사는 괜찮았다.

람세스 2세의 석상이다. 바로 옆에서 보면 더 크게 보인다.

이곳에 작은 스핑크스도 있다.

드디어 쿠푸왕의 대 피라미드에 왔다. 이것은 세계에서 가장 유명한 피라미드다. 우리가 흔히 피라미드라고 얘기할 때 대표성을 띌 만큼 이집트를 대표한다. 그런데 오전에 방문한 사카라 피라미드 같은 감동은 적었다. '아 여기 유명한 곳에 왔구나' 하는 마음 뿐이다. 마치 파리의 에펠탑에 갔을 때 느끼는 마음과 비슷하다.

기자의 3대 피라미드를 한 번에 볼 수 있다. 쿠푸왕의 대피라미드, 카프레의 피라미드, 멘카우레의 피라미드를 기자의 3대 피라미드라고 한다.

바로 옆에 있는 기자의 대스핑크스

　이 스핑크스는 정말 수많은 영화와 다큐멘터리에 등장했던 유명한 스핑
크스다. 이집트의 스핑크스는 사람의 얼굴과 사자의 몸을 갖고 있다. 스핑
크스는 나라에 따라 그 이미지가 상반되는 경우가 있다. 그리스의 스핑크스
는 지나가는 사람에게 문제를 내서 못 맞히면 잡아먹었다는 괴물의 이미지
다. 상반신은 여자의 모습이고 하반신은 독수리 날개가 있는 사자다.

반면 이집트의 스핑크스는 선한 마음으로 사람들을 보호하는 보호신의 역
할이다. 그래서 이곳의 스핑크스는 정의로운 얼굴표정과 사자의 몸을 갖고
있다. 카프레 대피라미드 앞을 수호하는 이 스핑크스는 높이는 20미터, 길
이는 80미터에 달하는 거대 석상이다. 이 스핑크스는 큰 암석을 깍아 만들
었다. 이 스핑크스는 코가 없다. 왜 코가 없는지에 대한 여러가지 의견이 있
다. 자연풍화에 의해 없어졌다는 설과 영국군이 약탈해 가서 지금 대영박
물관에 있다는 이야기도 있고 프랑스군이 가져갔다가 다시 반환 받았다는

이야기도 있다. 코가 없어진 정확한 이유는 모르지만 얼굴의 대칭과 조화를 생각해 보았을 때 상당한 크기로 그 무게를 이기지 못해 떨어져 나갔을 거라는 가이드의 설명이다.

이집트 박물관에 있는 온전히 보존된 작은 크기의 스핑크스다. 이 스핑크스를 기준으로 떨어져 나간 코의 크기를 추측해 볼 수 있다. 이날 많은 유적지를 돌아보았는데 처음에 만난 사카라의 피라미드만큼 큰 감동을 주는 다른 장소나 관광지는 없었다. 이집트에 가시는 분들은 사카라의 피라미드에서 저와 같은 감동을 느낄 수 있으면 좋겠다.

이집트 관광은 무엇보다 가이드의 역할이 중요한 것 같다. 나는 유명하고 친절한 이집트 가이드를 만나서 좋은 하루를 보낼 수 있었다. 해박한 역사 지식과 유창한 한국어 구사능력 덕분에 궁금한 것과 잘 모르던 많은 역사적 지식을 배울 수 있었다.

삼일 째 아침이다. 이집트에서의 마지막 날이다. 지난 이틀과 마찬가지로 오늘도 날씨가 좋다. 오늘은 저녁 비행기로 서울로 돌아간다. 아침을 먹고 느지막이 호텔을 나와 우버를 타고 Citadel(시타델)로 간다. 시간은 약 20분 정도 걸린다.

시타델

시타델의 무함마드 알리 모스크

내부의 모습이 이스탄불의 소피아 성당과 닮았다. 이곳에는 유명한 전쟁 박물관
도 있는데 이날 방문할 수 없었다.

중동을 여행할 때마다 느끼는 건데 모스크의 아름다움은 황홀하다. 서구
의 기독교 문명과는 또 다른 매력이 있다.

시타델을 나와 Mosque-Madrassa of Sultan Hassan 술탄 하산 모스크와
Mosque of Al-Refaei 알 리파이 모스크에 갔다. 두 개의 모스크가 양옆으로 있다.
오른쪽이 알 리파이 모스크이고 왼편이 술탄 하산 모스크다.

반추해보니 첫째날과 둘째날은 그룹으로 다닌 스케줄이라 다니는데 아무런 문제가 없었다. 마지막 날 가이드 없이 혼자 다닐 때 팁을 달라는 사람이 많았다. 시타델에 갈 때 우버를 타고 갔는데 40파운드의 택시비용(약 2천 원)을 지불했다. 우버에서 내리는 순간부터 만나는 이집트 사람 모두 팁을 달라고 했다.

시타델 문지기부터 팁 달라, 사원을 청소하는 사람이 팁 달라, 신발 보관하는 사람도 팁 달라, 길거리에서 돈 달라, 마지막으로 10불에 팁 포함 두 군데 관광지를 가기로 약속한 택시기사가 호텔 근처에 와서 빙빙 돌며 팁달라며 호텔에 내려주지를 않았다. 난 호텔이 보이는 몇 십 미터 앞에서 그냥 내렸다. 얄미워서 팁은 주지 않았다.

이날 만난 많은 이집트 사람들이 모두다 팁을 요구했는데 난 시타델의 문지기에게만 팁을 주고 나머지 사람들에게는 웃으며 안 준다고 했다. 그들은 정말 일상에서 몸에 밴 듯하게 팁을 요구하는 것 같다. 위협적이거나 끈질긴 사람은 호텔에 내려주지 않았던 택시기사를 제외하곤 없었다. 그 택시기사는 좀…. 또 만나고 싶지 않다.

관광을 하기 위해 방문한 어느 도시에나 바가지는 있다. 그 당시에는 기분이 나쁘지만 여행이 끝나고 본래 가격보다 얼마나 비싸게 주었나를 천천히 들여다보면 내 경우에는 그 금액이 그리 많지 않았다. 물론 난 비싼 기념품이나 충동구매로 기념품들을 잘 구매하지 않기 때문이기도 하지만 관광지에서 바가지를 쓰고 사는 작은 기념품 몇 개나 택시비용, 음식비용 등을

다 합쳐도 기껏해야 몇만 원정도 더 지불한 게 대부분이어서 언제부터 인가 좀 비싼 가격을 지불하거나 바가지를 쓴다는 느낌이 있어도 그 여행의 즐거움을 유지하기 위한 비용으로 생각하고 별다른 거부감없이 그들이 제시한 금액을 기꺼이 지불한다.

알 리파이 모스크 내부

울림이 굉장히 좋은 술탄하산 모스크 내부이다.
이곳에서 노래하듯 코란을 읽어주면
정말 소리가 좋다.

케디브 이스마엘 총독의 무덤이다. 그는 이집트의 근대화에 앞장서고
수하즈 운하 건설을 독려했던 총독이다.

이 모스크에는 호메이니의 1979년 이란 혁명 때 쫓겨난 이란의 마지막 왕
이었던 모하마드 레자 팔라비의 무덤도 있다. 친미주의자였던 팔라비는 너무
호화로운 생활과 비종교적인 태도 때문에 국민들부터 버림받은 비운의 왕이
다. 평소 비행기 조정하는 걸 좋아해서 망명 당시에도 직접 비행기를 몰고 이
집트로 비행 왔다고 한다.

미술품 콜렉션을 좋아하고 페라리와 벤츠를 사랑했던 이 멋쟁이 왕이
태도와 생각을 조금 바꾸어 쫓겨나지 않았다면 지금 이란의 상황은 좀더 나
아졌을 지도 모를 일이다. 80년대 중동의 파리라는 이름으로 불리우던 이
란을 생각할 때마다 항상 깊은 아쉬움과 여운이 남는다.

아직 비행기 탑승시간까지는 몇 시간의 여유가 있었다. 나의 첫 직장이 호
텔이었기도 해서 남은 시간을 나일강변에 있는 호텔들을 둘러보기로 했다.

캠핀스키 HOTEL을 둘러 보았다.

호텔 규모에 비해 입구가 작다.

이집트 대부분의 호텔에는 입구
에 개가 있어 차량검사시 개를
이용하여 폭발물 등을 검사한다.

로비라운지가 특색 없이 밋밋하다 낮은 천장과 다소 어두운 분위기다.

여러 나라에서 캠핀스키 호텔을 방문했는데 이곳이 제일 별로다. 내가 가본 최고의 캠핀스키는 이스라엘 텔아브비와 인도네시아 자카르타 그리고 방콕이다. 이 세 군데의 호텔은 정말 좋았다.

개인적으로 여러 지방의 Tea에 대한 관심이 많아 이번에는 인터컨티넨탈 호텔(InterContinental HOTEL)에 있는 티Tea Garden을 방문했다. Afternoon tea는 하루 전 주문해야 한다. 400 이집트 파운드. 이곳은 규모가 큰 호텔이다. 직원들도 친절하고 한 번 더 방문하고 싶은 곳이다.

호텔들이 거의 몰려 있어 걸어서 다닐 수 있는 호텔들을 주로 둘러 보았다. 다음엔 그 옆에 있는 The Ritz-Carlton Cairo HOTEL(더 나일 리츠 칼튼 카이로 호텔)을 방문했다. Tea가 역시 최대 관심사인 만큼 Ritz-Carlton Cairo HOTEL의 Afternoon tea를 마시러 들어가 봤다.

Tea는 테일러스(TAYLORS)가
제공된다. 티백치고는 좋은 맛이다.

Afternoon tea set가격이 저렴해서 인가? 차는 딱 한가지만 고를 수 있다.
평소 좋아하는 English Breakfast를 주문했다. 우유는 차게 설탕도 함께 달
라고 했다.

주문한 차와 함께 3단 tray(트레이)가 나왔다. 구성은 다음과 같다 이집트에서 다른 곳의 티 룸은 못 가 봐서 비교할 수 없지만 내 경험상 이정도면 훌륭한 3단 tray다.

....

3단

까망베르치즈 다소 평범한 맛이다. 자주 빛 멋진 디저트다. 스모크 터키와 크림 치즈의 치즈 맛이 좀 강하다 갈색토스트위에 그릭페타치즈와 건조고기와 함께 서빙 된다. 연어 샌드위치가 아주 맛있다.

2단

디저트들은 달지 않고 구성도 훌륭하다. 스위스 롤과 오페라 등 4가지 오페라가 촉촉하고 부드럽다.

1단

스콘[4]은 맛이 괜찮은데 크기가 좀 작아 아쉽다. 버터를 묽게 만들고 신맛을 더한 버터와 레몬을 섞은 것 같다. 크림은 클로티드 크림[5]이 아니라 좀 더 묽은 크림으로 음료를 마실 때 위에 올리는 크림과 비슷하다. 잼이 아쉽다. 크랜베리 잼인데 맛이 별로다.

. . . .

3단 tray에 대해 직원에게 이것저것 묻자 조리장이 직접 나와 음식에 대한 설명을 자세히 해준다. 이곳의 직원들은 유머스럽고 친절하면서도 프로페셔널한 느낌이 강하다. 3단 tray의 가격은 450파운드+Tax= 약 600파운드이다. 한화 약2만 8천 원 이다.

마문이란 쿠키가 의외로 맛있다. 대추가 들어간 쿠키다.

---

4) 스콘 : 비스킷과 비슷하게 스코틀랜드에서 기원한 빵 혹은 과자이다. 베이킹파우더가 대중화되면서 스콘은 오븐에서 구운 빵으로 변화했다.

5) 클로티드 크림 : 저온 살균법 처리를 거치지 않은 우유를 가열하면서 얻어진 노란색의 뻑뻑한 크림이다. 가열 후에 몇 시간 동안 깊이가 얇은 팬에다 놔두면, 크림의 내용물이 표면으로 일어나 덩어리(clots)를 형성하게 된다. 클로티드 크림은 일반적으로 크림 티, 또는 "데본셔 티"의 재료로 딸기잼과 함께 스콘에 발라 먹는다.

이곳 호텔들은 직원들 교육이 잘되어 있고 서비스 정신이 뛰어나다. 아마도 관광 대국의 주요 호텔 직원이란 프라이드가 있는 것 같다. 이것으로 이집트 여행의 마지막 일정을 끝냈다. 이제 공항으로 이동하여 사우디 항공을 타고 리야드에 가서 환승하여 인천행 비행기를 탄다.

여행을 끝내고 떠날 때면 아쉬움이 남는데 여기 이집트는 더욱 그런 것 같다. 2박 3일이란 짧은 시간동안 만났던 수많은 보물들과 친절하고 유머 넘치던 사람들이 그리울 것 같다. 특히 다른 도시를 가보지 못해서 더욱 궁금증이 남는다. 시간이 된다면 한 열흘 정도의 일정으로 이집트에 다시 오고 싶다. 카이로와 룩소에서 3일씩 그리고 후루가다와 알렉산드리아 같은 해변 도시에서 하루 이틀 시간을 보내는 여행을 상상해 본다.

여행을 가보았던 중동 국가 중 이곳이 단연 최고의 장소였고 가능하면 꼭 다시 오고 싶은 곳이다. 이집트는 가능하면 개인 여행을 해보시라고 권해드린다. 귀찮게 하는 장사치들과 구걸을 하는 사람들이 있지만 강력 범죄가 없는 도시란 것을 다시 한번 말씀드리고 싶다. 그들의 그러한 행위를 마주쳐 보는 것도 여행의 한 가지 경험이고 재미가 아닌가 싶다. 나일강변에 앉아 와인 한잔 하는 추억이 좋았다. 다시 올 것을 기약해 본다.

사우디항공

02

이 스 라 엘 ISRAEL

이스라엘 지도 ———— — —

ISRAEL

북부구
(Northern)

하이파구
(Haifa)

지중해

골란 고원
(Golan
Heights)

텔아비브구
(Tel Aviv)

서안 지구
(West Bank)

중부구
(Center)

벤구리온
공항

예루살렘구
(Jerusalem)

가자지구
(Gaza Strip)

남부구
(Southern)

페트라

이스라엘 ISRAEL

이스라엘 페트라

여행기간 2023.5.19(금)-25(목)

이집트의 피라미드는 고대 최고의 건축물이다. 그리고 요르단의 페트라는 고대 최고의 조각품이다. 피라미드를 마주했을 때 느낀 숨막히도록 아름답던 감동이 나를 페트라로 여행하게 했다.

페트라에 가는 방법은 대충 두가지 정도로 추려진다. 요르단의 수도 암만까지 비행기로 가서 개인 여행이나 패키지 여행을 하는 방법과 이스라엘로 들어가서 텔아비브나 예루살렘에서 여행사를 이용하는 방법이다. 요르단은 와디럼 사막이 멋있다고 해서 한번 가보고 싶은 곳이기도 했고 다른 기타 중동국가들보다 전통이 있는 멋진 곳일 것 같았다.

난 예루살렘 출발 패키지 상품을 선택했다. 무엇보다 따지기 좋아하고 꼬장꼬장한 이스라엘 사람들이 운영하는 여행사가 믿음이 갔다. 예루살렘에 도착하는 금요일 오후부터 일요일까지 삼일간의 이스라엘 관광 계획을 세웠다. 식당 및 박물관 예약을 하던 중 유대교는 금요일 토요일 이틀이 공휴일이라는 걸 알게 되었다. 출발 날짜를 바꾸자니 모든 게 너무 복잡해 토요일 하루를 예루살렘 패키지 관광을 하기로 결정했다. 다행히 가고 싶은 박물관과 미술관은 공휴일에도 개관해서 출발을 확정지었다.

이스라엘에서의 관광 일정은 예루살렘에서 삼일을 보내고 페트라를 다녀와서 텔아비브에서 이틀을 관광하는 스케줄로 결정했다. 도착 첫날은 대학 동창이 추천해 준 케이티(Katy's)라는 프랑스 식당에서 저녁 식사를 하고 다음날은 예루살렘과 베들레헴, 사해를 다녀오는 패키지 관광을 하고 마지막 날은 박물관 두 군데를 가는 스케줄을 짰다.

ISRAEL

비행기 창문을 통해 바라본 이스라엘은 아름다웠다. 텔아비브 상공 같았는데 긴 해변과 멀리 보이는 건물들이 흡사 마이애미나 하와이 같은 느낌이다. 그동안 방문했던 다른 중동국가들과는 느낌이 확연히 틀렸다. 벤 구르온 공항의 긴 복도를 지나 기차역에 도착했다.

예루살렘행 기차표를 사서 플렛폼으로 내려갔는데 기분이 묘했다. 어릴 때 교회에서 부르던 찬송가 생각이 났다. 요단강 건너 나를 위해 준비한 집이 있다는 내용의 찬송가 였는데 왠지 예루살렘행 기차표가 그 찬송가에서 나온 요단강 건너 천국으로 가는 기차표 같다는 생각이 들었다.

혼자 재밌는 상상을 하며 기차를 기다리는 동안 기차역에 있던 사람들과 이야기를 해 보았다. 대부분 훌륭한 영어를 구사하고 생각보다 친절했다. 이 느낌은 여행 내내 같았는데 이스라엘 사람 대부분이 무언가 도움을 청하거나 물건을 구매할 때 꼼꼼하고 세심하게 설명해 주었다. 내가 느낀 건 아이러니하게도 독일 사람들과 어딘지 비슷했다. 상냥한 미소를 짓는 것은 아니지만 자세히, 꼼꼼히 그리고 내가 편리하도록 배려해 주는 느낌이 강했다.

사실 난 이스라엘 유대인들에게 좋지 않은 이미지를 갖고 있다. 원래 이 땅의 주인이었던 팔레스타인 사람들을 내쫓고 남은 사람들은 코너에 가둬 놓고 괴롭히는 나쁜 악당의 이미지다. 물론 이스라엘 사람들에게 물어보면 다른 말을 한다. 원래 자신들의 땅에 팔레스타인들이 같이 살았던 것뿐 몇천년 전부터 이곳은 자신들의 땅이었다는….

막강했던 오스만 제국이 몰락하고 이 땅의 관리자였던 영국이 골치 아픈 문제를 잔뜩 만들어 놓았다. 그리고는 교통정리를 제대로 안하고 UN에게 어려운 숙제를 넘겨주고 이곳에서 철수한다. 2차대전 당시 영국은 유대인들의 오랜 숙원인 독립된 국가건설을 약속하고 유대인들에게 전쟁비용을 원조 받았다. 그리고 그것이 이 모든 불행의 시작이었다. 유대인들은 1948년 5월 14일 이스라엘을 건국한다.

2차세계대전 중 나치의 유대인 학살이란 인류역사상 유래 없던 만행은 유럽인들에게 유대인에 대한 동정적 분위기를 형성시켰다. 그런 분위기와 영국의 약속으로 수천년 나라 없이 떠돌던 유대인들이 자신의 나라를 갖고 싶다는 꿈이 드디어 이루어진 것이다. 하지만 건국선언을 한 지 하루가 지나기도 전에 주변 아랍국가들이 연합하여 이스라엘과 전쟁을 시작한다.

중동의 맹주인 이집트를 비롯하여 레바논, 시리아, 이라크, 요르단이 막강한 중동연합이 뜻밖에도 작은 신생국인 이스라엘에게 패배한다. 무엇이 이 작은 신생국의 힘의 원천이 되었는지…? 무서운 집중력과 유대인의 응집 그리고 미국의 지지로 유대인들은 전쟁에서 이기고 자신의 나라를 갖게 되었다.

이곳은 유대인들에게는 희망과 약속의 땅이 되었지만 팔레스타인 사람들에게는 지옥이 되었다. 네 번이나 중동국가들과 연합하여 이스라엘과 전면전을 치르고 지금도 대화보다는 로켓포를 쏘아대는 팔레스타인과 이스라엘은 평화롭게 공존하기에는 갈등이 깊어 보인다.

팔레스타인은 유대인을 약탈자, 살인자, 침략자로 규정하고 무장했다.

아버지의 복수, 아들의 복수, 형제의 복수를 위해 전사가 된 팔레스타인 사람들은 이제 친구마저 하나씩 하나씩 잃어버리고 있다. 팔레스타인과 함께 네 차례나 중동전쟁에 참여했던 주변국들은 어느새 힘센 이스라엘과 국교를 정상화하며 좋은 관계를 도모하기 시작했다.

그 대가로 경제적 이익을 얻게 되는 그들은 아직 고통스러워 하는 팔레스타인을 애써 모른척해야 한다. 세상 이치가 그런 것인가? 영국과 치열한 독립운동을 하는 북아일랜드의 고통을 외면해 온 아일랜드의 냉정함을 이 곳에서도 보는 것 같다. 지금 이 현상을 유지하며 시간이 더 흐르면 팔레스타인은 지구상에서 사라질 수도 있을 것 같아 마음이 착잡하다.

이스라엘의 건국 과정 중에 의외의 내용이 있다. 이스라엘을 대표하는 공항인 벤 구르온 공항은 이스라엘의 첫 총리였던 다비드 벤 구르온 (David Ben-Gurion)의 이름에서 기인한 것이다. 벤 구르온 총리는 폴란드 출신의 유대인으로 하임 바이츠만 초대 대통령과 함께 이스라엘 건국의 아버지로 추앙받는 주요 인물이다. 그런데 벤 구르온 총리와 하임 바이츠만 두 사람 모두 유대인이긴 하지만 유대교를 믿지 않는 사회주의자이며 무신론자 였다.

유대인은 단 두가지로만 유대인이 될 수 있다. 어렵고 까다로운 교육 절차를 거치기는 하지만 유대교로 개종하면 유대인이 된다. 우리나라에는 교육기관이 없어 불가능하다. 그리고 어머니가 유대인이면 자식도 유대인이 된다. 벤 구르온은 종교와는 상관없는 모계에 의한 유대인이다.

유대민족의 나라는 2천 년 전 멸망하고 전 세계를 떠돌기 시작했다. 2천년 전 이스라엘의 주요 민족이었던 베냐민과 유다지파는 그 오랜 세월 해외를 떠돌며 당연히 순혈주의도 희석되어 순수 혈통은 없어졌다. 만약 누군가 순혈주의를 지켰다면 이집트나 요르단 사람과 같은 중동인의 모습이어야 맞다.

폴란드에서 태어난 벤 구르온을 사진으로 보면 에디슨을 닮은 용모로 그냥 유럽인이다. 러시아에서 태어난 하임 바이츠만은 레닌과 닮은 외모를 갖고 있다. 두 사람 모두 유럽인의 모습이다. 이스라엘 건국공신들 중에는 이 두 사람 외에도 유럽계 사회주의 유대인들이 다수 포함되어 있다.

유대교를 믿지 않는 무신론자 벤 구르온 전 총리는 왜 그의 일생을 유대교 하느님이 약속하신 땅으로의 귀환에 헌신했을까? 그를 비롯한 유럽 출신 이스라엘 건국의 공로자들은 고통받는 전 세계 유대인들을 위한 나라건설을 열망하였지만 하느님이 약속한 땅으로의 귀환에는 크게 의미를 두지 않았다. 그들은 유대인이라는 의미가 종교적인 것보다는 민족적 의미가 강했던 사람들이다. 특히 홀로코스트를 겪으며 독립된 유대인의 나라가 있어야 한다는 생각이 강해져서 온갖 어려운 과정을 이겨내고 유대인의 유토피아를 건설하게 된 것이다.

하느님이 약속한 땅으로의 귀환은 명분일 뿐이고 시온주의를 앞세운 새로운 시스템과 이상 실현을 위한 유대인만의 독립된 유토피아 국가 건설이었다. 이스라엘의 1인당 국민소득은 2022년 기준 5만불이 넘는다. 바로 이웃한 국가인 이집트나 요르단에 비해 열 배가 넘는 수준이다. 카타르를 제외하면 전 중동에서 최고 부국인 셈이다. 이스라엘과 팔레스타인의 문제는 유대교와 무슬림의 대립이 아닌 영토 전쟁이다.

제1차 중동전쟁부터 참여했던 이집트를 비롯한 주변국들도 팔레스타인을 도와주려는 목적보다는 자국의 영토 확장을 위한 참전이었다고 보는 시각이 지배적이다. 결국 하느님의 약속된 땅으로의 귀환은 땅을 차지하기 위한 명분일 뿐이었지만 벤 구르온과 같은 사회주의자들의 투쟁으로 조상의 땅은 되찾았다. 결국 하느님의 약속의 말씀은 이루어진 셈이다.

하지만 유토피아의 건설은 아직 완성되지 않은 것 같다. 서로를 미워하고 죽이는 지루한 80년 전쟁을 하고 있으니 말이다. 지금 이스라엘에서는 미국처럼 다민족 국가의 형태로 가자는 목소리가 높아지고 있다. 유대인 뿐만 아니라 타 민족도 모두 포용해서 더욱 부강한 나라를 만들자는 주장이다.

도착 첫날
유대교의 공휴일인 금요일 저녁이라 가고 싶은 식당이 예약이 안되어 현지 친구의 도움으로 예약한 곳이 프랑스 식당인 케이티 레스토랑(Katy's Restaurant)이다.

40여년의 역사를 자랑하는 곳으로 지금도 이 식당 주인인 70대의 케이티(Katy)가 다른
남자 직원과 직접 서빙을 한다.

브룩쉴즈를 비롯해서 이곳을 방문했던
많은 유명인사들의 사진이 있다.

테이블 10개의 작고 예쁜 식당이다. 오래되고
낡았지만 깨끗하고 역사가 배어있는 기품있어
보이는 인테리어가 있는 곳이다.

　식전빵으로 나오는 홈메이드 브리오쉬를 단단한 식감의 버터와 함께 준비
해준다. 버터가 얼거나 찬 게 아니라 고형같이 단단한 버터이다.

　어니언 스프는 다소 짜고 투박한 맛이다. 스프가 짠 이유는 치즈가 섞여
있어서다. 그런데 살짝 식으니 맛과 향이 더 올라온다. 약간 식은 스프의
질감이 치즈의 꾸덕한 느낌을 주며 맛이 좋아진다. 원래 프렌치 어니언 스프
는 스프안에 토스트한 빵을 한쪽 집어놓고 입구를 치즈로 막아 치즈만 따로
먹을수도 있도록 되어있는데 이 스프는 치즈를 스프안에 섞어서 서빙이
되었다. 처음보는 방식인데 개인적으로 색다른 경험이었다. 그래도 난 전통
방식의 어니언 스프를 더 선호한다.

  오렌지 소스의 푸아그라는 전통 방식인 찐사과와 먹는걸 좋아하는데 오렌지 소스도 아주 괜찮은 맛이다. 도저히 손을 댈수 없는 뜨거운 접시에 서브한다. 맛은 푸아그라니까 당연히 좋다. 이스라엘 스파크링 한 잔. 한 잔을 정말 꽉 채워준다. 약간 밍밍한 맛인데 알콜 도수가 좀 낮다고 한다.

이곳의 시그니쳐인 오리 요리. 좀 실망스럽다. 보기엔 많이 익혀서 나온 것 처럼 보이는데 너무 안 익힌 상태로 나왔다. 오리를 이렇게 안 익힌 상태로 먹어본 경험이 거의 없어서 생소하고 식감이 익숙치 않아 즐길 수 없었다. 오리를 한 두 조각 먹고 남기자 주인이 심각하게 맛이 없냐고 물어봐서 솔직히 그렇다고 대답했다. 주인과 음식에 관한 이야기를 나누다 보니 이 음식을 서양사람들은 좋아할 수도 있을 것 같다는 생각이 들었다.

난 코로나 때문에 몇 년 해외 여행을 못해서 서양 음식 대부분이 짜게 느껴졌다. 국내에 머물렀던 시간이 많다 보니 예전보다 많이 한국화된 입맛을 가지고 있어서 일려니 생각했다.

이곳에서 서빙을 하는 웨이터가 Kate를 제외하면 한 명이 더 있다. 나이는 60정도로 보이는 남자인데 정말 일당백의 포스이다. 손님이 밀려들어와도 여유있고 많은 인원이 있어도 한명 한명씩 배려하는게 보이고 음식에 대한 해박한 지식과 상냥하고 자신감 있는 대화술이 매력적이다. 팁 포함 650세켈(한화24만원)이 나왔다. 이 금액은 주인이 오리값을 안 받겠다고 해서 오리는 결국 50%만 지불한 최종 금액이다. 이 식당의 평점을 내라면 음식 70점, 인테리어 90점, 서비스 100점, 총 85점을 주고 싶다. 예쁘고 멋진 프랑스 식당이다.

이틀째 날이다.

토요일인 이곳은 어제처럼 전차도 다니지 않는 공휴일이다.

아침 일찍부터 예배당에 가는 사람들이 많다. 오늘은 예루살렘과 옛 시가지 베들레헴
사해로의 여행을 하는 날이다.

먼저 예루살렘 옛 시가지를 갔다 예수님의 흔적이 많이 남아있는 성지이며 이스라엘의 역사적 장소이다. 나처럼 종교적 목적이 아닌 일반 관광객도 꼭 한번 들러 보게 되는 곳이다.

저 멀리 황금사원이 보인다. 모하메드가 천국에 갈 때 그의 날개 달린 말이 딛고 날아올랐다는 바위가 있는 곳이다. 이 바위는 예루살렘 성석이라 불리는데 아브라함이 이삭을 바친 바위이며 솔로몬 성전의 한부분이었던 바위로 유대교도들에게도 중요한 장소이다. 현재는 이슬람 성전이 지어져 있지만 언젠가 유대교 회당이 들어설지도 모를 일이다.

그곳에서 멀지 않은 곳에 통곡의 벽이 있다. 솔로몬왕이 세웠던 예루살렘 성전의 일부로 영어로는 Western Wall(웨스턴 월) 이라고 한다. 나라를 잃은 유대인들이 일부만 남은 서쪽 축대 밑에 모여 나라 없는 슬픔을 울면서 통곡하였다고 하여서 생긴 이름이다. 내가 갔던 날은 신성한 종교일인 토요일이라 사진도 찍을 수 없는 날이었다. 유대인의 장소 중에 가장 소중한 곳임을 느낄 수 있었다.

언덕길을 못올라가는 지친 예수님을 대신해 로마병정의 명령으로 유대인 시몬이 대신
십자가를 지고 올라간 장소.

예수님이 십자가를 지고 가시
다가 넘어지시며 손을 짚으신
장소.

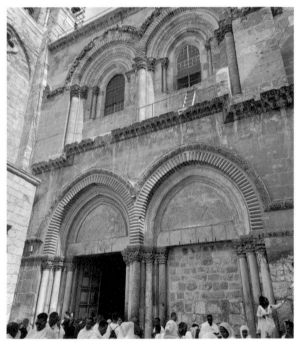

예수님의 무덤이 있는
성모교회 입구.

예수님이 십자가에 못박히시고 돌아가신 후 염을 한 바위가 있는 역사적 장소이다.
십자가에서 내려진 예수를 염한 바위다. 유약을 발라 놓았고 사람들이 그 유약을 닦아내어
간직하려 한다.

예수님 무덤은 사람이 너무 많아 멀리서 입구만 보았다.

베들레헴의 예수탄생 기념성당이다.

내부모습

예수 탄생 장소인 베들레헴의 별을 보기위
해 줄서 있는 사람들

근처 식당에도 갔었는데 기록을 남기고 싶지 않았다. 이곳 음식이 별로
였기 때문이다. 관광지라 비싸고 불친절하다. 이곳은 기독교인이 언제라도
넘쳐나기 때문에 친절할 필요도 특별히 맛에 신경을 쓸 이유도 없어 보였
다. 난 주문한 음식을 반도 못 먹고 남겼다.

베들레헴의 관광을 마치고 사해로 갔다. 사해바다 사실 이곳은 호수이다. 바다처럼 보이는 이곳은 세상에서 가장 낮은 지면에 위치한 호수이다. 왼편으로는 이스라엘이 오른편은 요르단에 위치한 이곳은 일반 바다보다 400M 낮은 곳에 위치한 생물이 살수 없을 정도의 염도를 갖고 있는 짜디짠 호수이다.

세상에서 가장 낮은 곳에 위치한 BAR이다.항상 최고 높은 빌딩이나 높은 산에 익숙해서인지 낮은 곳을 홍보수단으로 삼는게 신기하다.

사해소금을 판매한다.

남들처럼 한번 해보았다. 몸이 잘 뜬다.

이곳은 머드팩을 하러 온 관광객들로 항상 붐빈다.

삼일째 날이다.

오늘은 두 군데 박물관 투어와 월도프 애스토리아 호텔(WALDORF AST ORIA Hotel) 에 가서 Afternoon Tea를 마시는 날이다.

드디어 오늘은 전철이 다닌다.

총을 든 여군들이 무리 지어 어디론가 가고 있다.
같은 지하철을 탔다. 총기 사고가 가끔씩
있다더니 정말 그럴 만하다.

홀로코스트 역사박물관에 왔다. 2005년 개관한 이 박물관은 개관 당시 전 세계 40국의 정상과 VIP들을 초청했는데 일본은 누구도 초대하지 않았다. 2차세계대전 이후 반성하지 않는 일본에 대한 이스라엘의 불편한 마음이 나타났다고 평가됐다.

긴 복도 양쪽으로 방들이 연결 되어있다.

수용소 초기의 수감된 어린이들

수용소가 어떠한 환경이었는지
이 남자를 통해 짐작할 수 있다.

Hall of Names

홀로코스트 기간동안 사망한 사람들의 이름이 이곳에 있다.

이곳을 관람하면서 마음이 무거웠다. 보통 나치의 유태인 학살을 이야기할 때 그 대표성을 띄는 곳이 아우슈비츠 수용소이다. 이곳에서 자행된 학살과 인권유린에 대해 우린 생존자들의 증언과 쉰들러 리스트 같은 영화를 통해 나치의 만행을 알게 되었다.

그런데 아우슈비츠는 가장 많은 유태인들이 살아남은 수용소이기도 하다. 아우슈비츠는 생존자들의 증언으로 이곳의 참담함을 전세계로 알릴 수 있었지만 어떤 수용소는 생존자가 하나도 없어서 증언도 존재하지 않는다. 아우슈비츠 수용소의 생존율은 15%였다. 행복한 아니 평범했던 삶을 송두리째 빼앗긴 사람들이 그곳에 있으며 기억했던 글이 생각난다.

사망자들의 이름

YAD VASHEM

or death camp | **Aa, Anna,** 01/11/1880, Amsterdam,The Netherlands, Murdered in ds, Murdered in Sobibor death camp | **Aa** | **Aa, Betje,** 09/05/1874, Amsterdam,The am,The Netherlands, Murdered in Sobibor, Murdered in Sobibor death camp | **Aa** r death camp | **Aa, Ephraim,** 02/02/187 Amsterdam,The Netherlands, Murdered i dered in Auschwitz camp | **Aa, Jaapj** 24/08/1881, Amsterdam,The Netherland e Netherlands, Place of death unknown hwitz camp | **Aa, Judic,** 05/07/186 3, Amsterdam,The Netherlands, Murder rdered in Sobibor death camp | **Aa, Sa**

"Don't rush to fight and die... we need to save lives. It is more important to save Jews than to kill Germans." Tuvia Bielski

"독일인을 죽이는 것보다 유태인이 살아남는 것이 더 중요하다." 돌아가신 분들과 살아남아 그 참담한 기억을 안은 채 사셨던 모든 분들을 추모하며 기도 드린다. 영면과 평화가 함께하시기를.

ISRARL Museum

독특한 모양의 분수이다. 사해문서가 발견된 도자기 모양으로 만든 분수라고 한다. 사해문서는 예수님이 활동하신 즈음의 시대에 작성된 히브리 성서를 비롯한 문서들을 말한다.

예수님 시대의 예루살렘을 축소해 놓은 모형이다.

제일 위층에 전시된 현대미술 조각품

사해 소금으로 만든 작품이다. 신비로움이 있다.

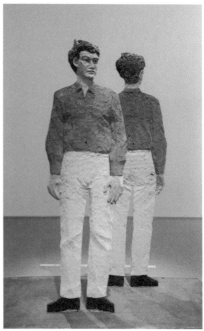

이 외에도 많은 현대미술 작품들이 전시되어 있다. 일일이 열거하기에 미술사적 지식이 부족하고 미술을 보는 눈이 없다. 그럼에도 불구하고 이곳에서 서너 시간쯤 있었는데 시간 가는 줄 모르고 좋은 작품들을 관람했다.

예쁘게 꾸며진 식당도 있다.

관람을 마치고 나오는 길에 마지막으로 마주친 작품이다.

이제 Afternoon Tea를 마시러 WALDORF ASTORIA Hotel로 간다.

입구에 있는 작은 분수

힐튼 계열 호텔 중에서도 최고의 럭셔리함을 자랑하는 이 호텔은 아시아
에는 중국에 세개 방콕에 한 개가 있다.

유리로 된 천장도 너무 예쁜 호텔이다.

Afternoon Tea를 시켰다.

오이가 들어간 영국 전통의 샌드위치가 제공되었다. 그런데 빵이 너무 딱딱하다. 스콘은 살짝 단맛에 부드럽다. 그래서 클로티드 크림이 아닌 일반 크림을 제공한 것 같다. 스콘과의 맛은 잘 어울린다.

제공된 딸기잼과 베리잼도 모두 최상급이다. 훌륭한 버터….이 스콘에 아까운 버터다. 2층에 배치된 디저트들도 진심 베스트 퀄리티다.

모스카토 스파클링도 한잔 시켰다. 스파클링 맛이 좋다.

차는 언제나처럼 잉글리쉬 블랙퍼스트를 주문했다. 차 맛은 좋다고 이야기 하기 힘들다. 티백을 우린 차다. 가격은 스파클링 한잔 포함 미화100불을 환산하여 받는다. 이 일정을 마지막으로 예루살렘의 관광은 끝마쳤다.

PETRA

페트라는 스무살 때인가 영화에서 처음 보고 그 신비로움이 기억에 남았다. 인디에나 존스 시리즈 최후의 성전의 배경으로 나왔는데 당시에는 영화촬영을 위해서 만든 세트장으로 생각했던 것 같다. 언젠가 페트라가 실제로 존재한다는 것을 알게 되고는 한번 꼭 가보고 싶었다. 몇년 전 세계 일주를 시작할 때 버킷 리스트에 넣고 어떻게 갈 지를 조사하다 예루살렘 출발 이스라엘 여행사의 패키지를 이용하기로 결정했다. 새벽 3시에 집결지에서 관광버스를 타고 출발을 했다. 여행사에서 원래 다니는 요르단을 통과하는 동쪽 지역에서 페트라로 가는 길에 문제가 생겼다. 여행사 직원의 설명으로는 팔레스타인 테러리스트들이 로켓포를 쏘는 테러를 했다고 한다. 그래서 원래 가는 경로가 아니고 사해의 왼쪽 도시인 베르셰바 쪽으로 페트라를 가게 되었다. 9시간 정도 버스를 타고 갔는데 이건 평소보다 4시간 이상 시간이 더 걸린 것이다.

불안해서 이스라엘 친구에게 메시지를 보내 물어 보았다. 이 상황에 위험지역을 통과하는 여행을 가도 괜찮겠냐는 질문에 별일 아니고 하루 이틀 후면 해결되는 문제니까 걱정 말고 잘 다녀오라고 한다. 이런 일을 겪으면서도 별일 아니라고 이야기 하는 친구의 대답을 들으니 비록 전쟁휴전국이지만 난 참 안전하고 좋은 나라에 살고 있다는 생각이 들었다. 페트라 도착 한 시간 전쯤 페트라가 보이는 산 정상의 휴게소에서 약 30분간 쉬었다.

안개 때문에 잘 보이지는 않지만 저 멀리 아래가 페트라가 보였다.

이 휴게소는 두개 층이고 아래층에는 커피를 판매한다.

페트라에 도착했다.

입구에 가면 여러 기념품점이 있다. 그중에는 인디애나 존스 기프트숍도 있다. 30년이나 지난 영화이지만 사람들의 이목을 끌기에 충분하다. 이 기념품 가게에는 인디애나가 사용했던 비슷한 모자와 채찍도 판매한다.

입구에서 부터는 햇볕이 비추는 뙤약볕을 20여분 걸어야 한다.

걷다 보면 이런 협곡이 나온다. 이런 길을 또 20여분 걸어야 한다.

페트라에 가까워지면 이렇게 기념품을 파는 사람들이 있다.

이 사람들은 배두인들로 페트라가 발견될 때 페트라에 살고 있던 원주민들이라고 한다. 요르단 정부에서 페트라를 관광지로 상업화하기로 하고 원주민들의 이사를 결정했다. 그때 요르단 정부가 이곳에 살던 배두인들에게 페트라에서의 비즈니스를 할 수 있도록 허가해 주었다. 기념품 판매, 낙타를 태우는 장사를 하거나 기념사진을 찍는 등의 사업을 할 수 있도록 허락했다.

그런 이유로 이곳에 살던 배두인들의 자손들은 학교에 가거나 미래를 위한 자기 계발은 그들의 삶에서 없어져 버렸다. 지역적 독점권을 갖고 있는 이곳에서 판매하는 기념품을 비롯한 모든 상업활동들은 무관세이다. 그 수입으로 충분한 경제적 수익이 보장된 배두인들은 그들의 자녀를 학교마저도 보내지 않는다. 세월이 더 흘러 그 자손들의 숫자가 더 늘어나면 이곳에서 생활할 수 있는 권리가 사라질 배두인도 생겨날 것이다. 그때 스스로의 교육과 경쟁력을 포기한 그들의 자손들은 어떻게 대처할지…?

저 앞 협곡 끝에 페트라가 보인다.

페트라에 대한 느낌은 별로였다. 사람이 너무 많았다. 이 사진은 사람이 그래도 덜 찍혔는데 정말 사람이 많다. 몇 년전 파리의 루브르 박물관에 모나리자를 보러 갔었는데 너무 많은 인파 때문에 모나리자는 감상하지 못하고 각 나라 사람들의 뒷통수만 보고 온 것과 비슷한 경험이다.

이집트 피라미드에 갔을 때 느꼈던 압도감과 숨막히는 아름다움을 이곳에서는 느낄 수 없었다. 한정된 공간에 관람객과 장사꾼이 너무 많아 시간이 지날수록 두통이 생기는 것만 같았다. 난 저녁에 다시 나이트 페트라를 오기로 예약을 하고 숙소를 찾아갔다. 저녁에는 사람이 좀 없기를 기대하며….

　나이트 페트라를 가는 길에는 이렇게 촛불로 길을 밝혀서 아름다운 풍경을 연출해 주었다. 페트라앞 광장에 수백개의 초로 멋진 광경을 연출했다. 조명을 이용하여 여러가지 색을 연출한다.

역시 사람이 너무 많아서 차분히 감상하기가 어려웠다. 혹시 페트라를 여행할 계획이 있으시면 가능한 비수기에 방문하시기를 권해드린다. 정말 사람이 너무 많고 시끄러워서 제대로 된 감상을 하기가 어려웠다.

페트라 박물관이다. 일본 정부가 지었다는 이 건물의 양식이 낯설지가 않아서 이곳 박물관 관계자에게 건축가를 물어보니 일본사람인데 누군지는 모른다고 답변했다. 난 우리나라의 방주교회와 본태박물관을 디자인한 안도 타다오의 건축물이 생각났다.

입구에는 페트라의 역사가 연도별로 설명되어 있다.

이곳에서 발굴된 유물들이 전시되어 있다.

이곳의 물가는 관광지답게 비싸다. 페트라 입구에 있는 슈퍼마켓에서 콜라 한 병에 미화 5불이다. 커피도 한잔에 6~7불쯤 한다. 요르단은 1인당 국민소득이 약 4,400불이다. 1달 평균 급여가 약 50~60만원 정도 한다. 이 나라의 급여를 기준으로 비싼 가격이다. 이곳에서 이런 고물가를 피할 수 있는 방법이 두가지 있다.

첫 번째 방법은 아무것도 안 사는 것이다. 출발 전 음식과 음료를 모두 사서 가지고 오면 해결된다. 두 번째 방법은 정찰제인 장소를 이용하는 것이다. 이곳에는 Movenpick Hotel이 있다. 이곳에서 마시는 커피와 콜라 가격이 페트라 입구 슈퍼마켓보다 저렴하다. 페트라 입구에서 도보 10분 정도의 거리에 있다. 이곳은 페트라에 있는 유일한 월드체인 호텔이다.

이곳에서 아이스크림과 한 종류와 큰 물을 구입하면 약 7천원 정도 한다. 요르단 평균 물가보다는 비싸지만 페트라 입구 슈퍼보다는 저렴하고 안락한 곳에서 음식을 즐길 수 있다. 이곳에서 식사를 했다.

새우 칵테일

페투치니 파스타

커피와 아이스크림 그리고 콜라

　약 7만 8천원 정도를 지불했다. 저렴한 가격은 아니지만 음식의 수준과 주변 환경을 종합해 볼 때 만족한 식사를 했다. 이곳에는 식당에서 일하는 직원들이 모두 외국인들이다. 주로 필리핀 사람들인데 영어가 유창하고 일을 잘하는 사람들이란 느낌을 받았다. 이곳에서 샌드위치를 하나 사서 이스라엘로 가는 버스로 향했다. 페트라는 인생에 한 번이면 족할 것 같다.

ISRAEL

　다시 이스라엘로 돌아왔다. 텔아비브에서 하룻밤을 보내고 다음날 저녁 비행기로 한국으로 간다. 텔아비브를 검색하면 Old City Jaffa가 이곳의 가장 유명관광지로 나온다. 좀 고민하다 이곳은 안 가기로 했다. 예루살렘에서 올드시티를 방문했기 때문에 비슷한 올드시티는 안 가기로 했다. 차라리 가고 싶

미술관앞 편의점에서 만난 여군.
역시 총을 소지하고 있다.

었던 미술관을 한군데 가서 천천히 감상을 하고. 아름다운 해변에서 시간을
보내기로 결정했다.

Tel Aviv Museum of Art

  피카소, 클림트, 모네, 리가 등의 작품이 전시되어있다. 이외에도 수준높
은 미술품들이 많이 전시되어 있어 한나절 즐거운 관람을 할 수 있었다. 이
스라엘에서 방문한 세 곳의 박물관이 모두 좋았지만 특히 이곳은 개인적으
로 가장 좋았던 곳이다.

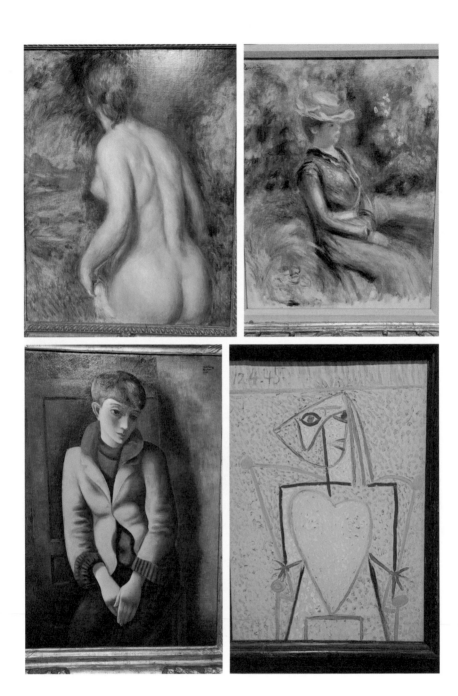

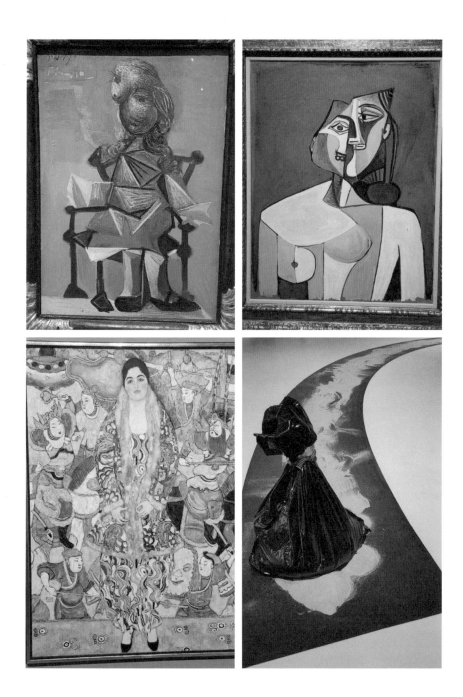

미니어쳐다 실제로 보면 왼편 벽난로의 불이 움직이고 있다.

또 다른 미니어쳐

이 집도 설치미술 작품이다.

텔아비브 해변에는 멋진 호텔들이 많다.어디를 갈까 하다가 해변가에 있는 캠핀스키 호텔에서 차를 한잔 마시기로 했다. 잉글리쉬 블랙퍼스트 티와 밀푀유를 주문했다. 이집트 포시즌 호텔의 밀푀유가 생각났다. 둘 다 맛있었지만 이집트에서 더 맛있게 먹은 것 같다. 이곳을 마지막으로 일주일간의 페트라 이스라엘 여행을 끝냈다. 다시 오고 싶은 곳인가? 스스로 자문해 보았다. 이집트를 떠날 때 가졌던 아쉬움이 이곳에서 느껴지지 않았다. 만일 다시 오게 된다면 박물관과 미술관 때문일 것 같다. 물가는 서울보다 두 배까지는 아니더라도 50% 정도는 더 비싼 것 같다. 음식이나 서비스 수준은 가격 대비 미치지 못한다.

이곳에 오는 사람들은 성지순례를 하려는 크리스찬들이 대부분이다. 이교도들의 방문을 이용하여 관광산업을 꽤 잘하고 있는 유태인들에게 또 한 번 관광비용을 지출하고 싶은 생각은 없다. 역사적 장소를 잘 보전 관리하고 수준 높은 박물관과 미술관을 갖추고 있는 이스라엘은 그들만의 매력이 있는 관광지이다. 하지만 나처럼 독실하지 않은 기독교인은 이 비용과 시간이면 차라리 파리나 로마를 한번 더 가는게 좋을 것 같다.

2
장

포르투갈

포르토: "맛과 멋의 도시 포르토"
리스본: "세상의 끝, 호카곶"

아일랜드

"친절하고 따뜻한 아일랜드"

영국

"영국 여행은 30년전의 나를 만나는 여행이었다."

프롤로그 2

여행기간: 2021.11 6~ 11.20
여행국가: 포르투갈, 아일랜드, 영국
여행도시: 포르토, 리스본, 더블린, 런던, 스완지.

• •

끝을 가늠하기 힘들었고 지루했던 길고 긴 코로나 시대의 끝 무렵, 모든 나라가 빗장을 잠그고 있을 때 한 줄기 빛처럼 백신을 맞으면 입국이 허용되는 나라가 등장하기 시작했다. 2021년 6월 백신 접종을 마쳤다. 어느 나라를 갈 수 있는지 기회를 보다가 이스라엘-요르단- 이집트- 모로코-포르투갈을 17일간 여행하는 계획을 세웠다.

이스라엘은 특별히 가고싶은 나라는 아니었지만, 요르단의 페트라를 가는 경유지로써 들러야 했기에 들린 김에 이스라엘의 예루살렘에 가기로 했다. 하지만 2021년 10월까지 이스라엘이 해외 여행객의 입국을 허락하지 않았고 이집트와 모로코는 코로나 상황이 잘 통제되지 않는 국가였다. 한국에 있는 모로코, 이집트 대사관들에 문의를 해보아도 현지 코로나 상황에 대한 정확한 파악이 힘들었고 역으로 이집트와 모로코에 있는 현지 한국 대사관에 여러 차례 이메일도 보내고 또 직접 전화도 걸어 현지 코로나 상황에 대한 정보를 파악하려고 해도 마찬가지였다. 두 나라는 하루 확진자 수가 약 2~3천 명으로 당시 한국의 확진자 숫자와 비슷했지만, 해당 정부의 통계를 신뢰하기 어려웠고 특히 모로코의 마라케시 같은 도시는 현지 전통 시장 부근이 주요 관광지인데 이곳 시장의 코로나 위험도가 더욱 높다는 현지 대사관 직원분의 설명과 방문 만류가 있었다.

입국 절차를 조사하면서 가장 중요한 점의 하나가 온라인 PCR 검사 예약하는 것과, 검사 장소의 위치였다. 검사 장소가 내가 묵어야 할 호텔에서 얼마나 떨어져 있는지가 중요 포인트였다.

당시 대부분의 유럽과 북아프리카 나라들은 입국 시 백신접종 완료 증명서와 72시간 이내에 접종한 PCR 검사 음성확인서를 요구했다. 그래서 3~4일 머물다 다른 나라로 옮길 때마다 그 나라에서 PCR 검사를 해야 하는 번거로움이 있었다. 2021년 11월 여행을 하면서 여러 나라에서 총 3번의 PCR 검사를 했는데 이해가 안 되는 게 한 가지 있었다. 한국에서 PCR 검사를 할 때는 코 깊숙이 면봉을 찌르기 때문에 그 고통이 상당했다. 검사 뒤에는 주먹으로 코를 한대 맞은 듯한 통증이 있었다. 그런데 해외에서의 PCR 검사는 코를 간질이는 듯하게 콧속 입구를 살짝 대듯이 찌른다. 특히 영국에서는 면봉을 입 안에 넣어 타액을 채취하는 방식으로 아픔이 전혀 없이 검사를 진행했다. 같은 검사를 하면서 왜 우리나라는 고통을 주면서 진행하는 건지 이해할 수 없었다. 만일 면봉을 깊이 넣어야 더 정확한 검사를 할 수 있는 거라면 외국은 왜 방법이 다른 것이며 정확도가 많이 떨어지는 방식이 아닐는지 의문이 들었다. 우리 입장에서 보았을 때 외국의 검사방식이 정확도가 떨어지는 방법이라면 그런 코로나 통계를 만든 외국의 데이터를 인용해서 만드는 전 세계 통계를 우리가 신뢰할 수 있을까 하는 생각이 들었다. 반면에 우리도 그와 같은 검사 방법을 적용해야 세계적 통계의 추이를 따라가는 것이 아닐까라는 의문도 들었다. 아무튼 우리의 검사 방식이 꽤 힘들게 진행한다는 것을 다른 나라의 검사방식과 비교해 보고 비로소 알았다.

대사관의 도움으로 PCR 검사를 하는 나라별 코로나 관련 기관 주소와 전화번호, 위치를 확보했다. 하지만 주말 검사 여부와 검사 비용에 대한 자세한 설명이 없어 결국 내가 가려던 호텔에 전화를 걸어 PCR 검사를 도와줄 수 있겠느냐고 문의했다. 그 결과 이집트 카이로는 호텔에서 아침에 의사를 호텔로 불러 방에서 검사하고 그 결과를 같은 날 오후에 받을 수 있고, 테스트 비용은 미화 100불이란 설명을 들었다. 하지만 모로코의 마라케시 같은 경우에는 온라인 예약 자체가 진행이 잘 안되었고 검사기관에 전화를 걸어 보아도 아무도 받지 않는 등 PCR 검사 진행에 어려움이 예상됐다.

결국 이집트와 모로코 여행계획은 보류하고 마지막으로 방문하려 했던 포르투갈의 Porto 와 Lisbon을 시작으로 아일랜드의 Dublin, 영국의 런던 이렇게 총 3개국 4개 도시를 2021년 11월 6일부터 11월 20일까지 2주간 여행하는 계획을 세웠다.

03

포르투갈 PORTUGAL

포르투갈 지도 _____

비아나두카스텔로
(Viana do Castelo)

PORTUGAL

브라가
(Braga)

빌라 레알
(Vila Real)

브라간사
(braganca)

포르토
(Porto)

대서양

아베이루
(Aveiro)

비제우
(Viseu)

구아르다
(Guarda)

코임브라
(Coimbra)

카스텔루브랑쿠
(Castelo Branco)

레이리아
(leiria)

산타렝
(Santarem)

리스본
(Lisboa)

호카곶

카스
카이스

세투발
(Setubal)

에보라
(Evora)

베자
(Beja)

파로
(Faro)

포르투갈 PORTUGAL

▼ 포르투갈 ▼

포르투갈은 2020년 봄 여행을 목표로 2019년부터 계획을 세우고 사전조사를 충분히 해 놓았기 때문에 따로 준비할게 없었다. 2019년 당시 포르투갈에 살고 있는 대학 동문에게 부탁하여 리스본의 맛집과 Fado(파도)[1] 공연장을 추천받아 놓았고 이번에 새롭게 알게 된 아나 소피아(Ana Sofia)라는 친구에게도 좋은 식당과 관광지를 소개받았다.

하지만 포르투갈 뿐만 아니라 더블린과 런던의 유명 식당들은 여행 6주 전 예약하려고 했을 때 이미 자리가 없었다. 특히 겨울 시즌에는 최소 2달 전에는 예약해야 하며, 런던의 유명 셰프인 고든 램지가 운영하는 식당들은

---

1) Fado(파도) : 포르투갈어 낱말 fado는 "운명", "숙명"을 뜻한다. 원래 파두는 특정한 형식이 있다. 애절한 멜로디와 바다의 고된 삶, 빈자들의 삶을 다루는 가사가 일반적이다.

Glad you are visiting my beautifull country.
I can suggest couple of fado restaurants in Lisbon such as "O Faia", " Sr. Vinho" or " Parreirinha de Alfama".
In Oporto you have " Taberna Real do Fado" and many wine tasting adegas where you also listen to fado.

Concerning Alma and Belcanto they are both wonderfull and Michelin star restaurants from different cooks, but both grea⁎ is not easy to bo⊙k though

포르투갈 친구인 아나(Ana)가 추천해 준 포르토(Porto)와 리스본(Lisbon)의 식당과 Fado(파도)공연장 안내문자

3~4개월 전에 예약해야 한다. 물론 중간에 취소되는 테이블이 있어 운이 좋으면 당일 바로 식당에 갈 수도 있겠지만 이번에 내가 가고 싶어했던 식당들과 Fado 공연은 6주 전에는 예약이 이미 꽉 차 있었다.

포르투갈을 여행하면서 Fado공연을 모두 세 번 갔는데 Ana가 추천해 준 곳은 한 군데도 가지 못했다. Ana뿐만 아니라 다른 친구가 추천해 준 다른 유명 Fado공연장과 식당 중에서도 갈 수 있었던 곳은 BELCANTO(벨칸토)가 유일했다. 많은 식당들에 전화와 이메일로 자리를 부탁했지만 예약이 안되던 중에 운좋게 Lisbon의 미슐랭2스타[2]인 BELCANTO에만 원하는 날짜에 예약을 했다. 그런데 식사를 하러 가서 보니 원래 있는 테이블이 아니라 날 위해서 특별히 한자리 더 간이 테이블을 만들어 주었던 것이었다. 아마도 계속 전화하고 이메일을 보낸 정성을 고려해서 특별히 배려해 준 것 아닌가 생각하고 혼자 뿌듯해 했다.

아일랜드의 Chapter One(챕터원)이란 유명 식당은 아일랜드 교민분의 추천으로 가고 싶었던 곳이다. 이 식당에 가기 위해 현지 교민분의 전화번호를 빌려 대기자 명단에도 올려 놓았지만, 나에게까지 차례가 오지 않

---

2) 미슐랭(미쉐린) : 요리가 훌륭하여 멀리 찾아갈 만한 식당 〈위키백과〉

았다. 예전에도 그렇지만 코로나 이후로 식당 및 공연장 예약은 더 힘들어진 것 같다. 이건 전 세계 어디를 가나 비슷하게 보이는 현상이다. 이 예약 문화라는 게 정보력과 순발력이 있는 젊은 사람들에게는 편리한 수단이지만 정보도 늦고 순발력도 뒤처지는 나 같은 중년에게는 점점 어려워진다. 그래서 나이가 들수록 단골집 위주로 편한 곳으로 다니게 되는 것 같다.

영국은 20대 시절 학교에 다니던 곳이라 친하게 지낸 분들이 아직 몇 분 계신다. 2002년 출장으로 한 번 가고 19년 만의 방문이라 반가운 얼굴들을 만나고 그들과 시간을 보내고 싶어 런던에 가게 됐다. 런던에서 기차로 2시간 40분 떨어진 Swansea(스완지)에도 하루 가기로 했다. Swansea는 영국에서 학교에 다닐 때 학교 친구 두 명과 한집에 살며 공부도 같이하고 방학이면 그들의 집에도 가는 등 즐거운 학창 시절을 보낸 곳이었다. 같이 살던 친구 모두 음악을 좋아하고 악기를 다룰 줄 알아서 우리는 친구들을 초대해서 작은 음악회를 열기도 했다. 나와 한 친구가 기타를 치고 다른 친구는 플롯을 불었다. 다 함께 노래도 하고 연주도 하는 등 즐거운 학창 시절을 함께 보낸 추억이 있는 곳이다. 영어가 부족했던 시절이었지만 두 친구의 배려와 음악과 웃음으로 쌓은 시간이 만들어 준 우정이 지금까지 이어져 오고 있다. 추억의 Swansea에 하루 정도 시간을 내어 기차로 다녀오기로 했다. 당시 기타를 치던 친구는 Tonga(통가) 라는 나라에서 온 친구인데 2021년 11월까지 두바이에서 개최하는 엑스포에 Tonga의 정부 대표로 참석 중이었고 Huddersfield(허더스필드)라는 곳에 살고 있는 플롯을 불던 친구는 코로나에 걸려 만나지 못했다. 이 친구는 몇 년 전 한국에 출장을 와서 두 번 만나기도 했던 친구라 내가 방문했을 때 못 만나는 아쉬움이 더욱 컸다.

그래도 Swansea를 다녀오는 동안 두 친구와 실시간으로 랜선 여행을 하듯 SNS로 대화를 나누며 갔다 와서 외롭지는 않았다.

여행 시작

비행기 티켓을 예약하고 도시 별 숙소를 결정하고 늦가을 유럽으로 출발했다.

▼ Porto 포르토 ▼

여행기간 2021. 11.6 ~ 11.9

포르투갈 사람들이 이렇게 친절한지 전혀 몰랐다. 호텔직원, 행인, 경찰, 카페직원까지 모두 친절하다. 그래서인지 나도 모르게 마음이 넉넉해진다. 웬만한 실수나 서비스가 좀 늦어져도 너그러운 마음이 생긴다. 받은 만큼 돌려주는 세상이치를 다시 한번 깨닫는다. 포르투갈 사람들의 친절함에 긴 비행에 지치고 까칠해진 나도 상냥한 사람이 된 듯하다. 이 친절한 나라 포르투갈은 나의 50번째 방문 국가다. 무언가 의미 있는 숫자의 방문 나라이고 코로나 사태 이후 거의 2년 만에 가는 첫 여행지다.

Porto는 아름다운 도시지만 어디든 가려고 하면 항상 언덕을 넘어 다녀야 한다. 포르토 관광지로 유명한 렐루 서점을 갈 때도, 포르토 대성당을 갈 때도 경사가 심한 언덕을 올라가야 한다. 대성당에 오르면 도우루 강의 멋진 풍경을 감상할 수 있기 때문에 언덕쯤을 오르는 수고는 감내할 수 있을 만했다. 하지만 팔순의 부모님을 이곳에 모시고 오기는 어려울 것 같다. 어머니를 모시고 오면 정말 좋아하실 텐데... 2015년에 어머님을 모시고 유럽 여행을 한 적이 있다. 스위스 Montreux(몽트뢰)와 프랑스 Evian(에비앙)이 연결된 레만호에 갔었다.

추억 : 스위스 Montreux의 Leman(레만)호 그리고 어머니

그때 Montreux에서 바라보는 레만호의 경치를 보며 좋아하시던 어머니가 머리에 스치며 Porto의 도우루 강에 모시고 오고 싶다는 생각이 들었다. 여행은 한 살이라도 더 젊고 움직일 수 있을 때 해야 한다는 사실을 새삼 느끼게 되었다.

건강하실 때 여행 좋아하시던 어머님이시지만 이제 장거리 여행은 어려운 시기가 왔다. 어머니를 모시고 유럽에 갔던 저 시절은 불과 몇 년 전이지만 그립고 아쉬운 시간이다. 언덕 많고 높은 곳에 올라야 볼 만한 관광지를 갈 수 있는 Porto는 나이 드신 어른들에게 권하기 힘든 여행지 같다.

포르토(Porto)의 도우루(Douro)강

친구인 칼라(Carla)가 추천해 준 문자내용

대학 후배 중에 해외에 거주하는 Carla(칼라)라는 친구가 있다. 한국 이름은 김윤희인데 어릴 때부터 사업을 하는 부모님을 따라 해외에서 초·중·고 대학에 다녀서 윤희라는 한국 이름보다 Carla라고 부른다.

내가 졸업한 후 몇 년 뒤에 입학한 후배인데 몇 년 전 방콕에서 열렸던 동창회에서 우연히 만나 친하게 되었다. 어릴 때부터 해외 생활을 해서 그런지 이 친구와 이야기하면 외국인 같은 감각이 엿보인다. 나에겐 좀 생소한 음식들도 잘 알고 또 음식에 대한 조예도 깊은 친구다. 지금도 사업차 해외에 거주 중인데 몇 년 전 친구 결혼식에 참석하기위해 포르투갈에 갔었을 때 내게 사진을 몇 장 보내줬다. 내가 가고 싶은 곳을 미리 다녀온 지인들이 있고 포르투갈 현지에 친구들이 있어서 이번 여행은 비교적 쉽게 스케줄을 짰다. Carla에게 Porto경험을 공유받으며 기대감이 생겼다.

위 리스트 중에는 2번과 4번을 갔다. 추천 받은 리스트 중 2번인 Brasao Cervejaria는 포르투갈의 유명 전통 음식인 Francesinha(프란세지냐)를 판매하는 식당이다. 포르투갈의 전통 음식을 먹어보고 싶던 나는 도착하자마자 제일 먼저 이곳을 찾았다. 이곳은 오픈전부터 기다리는 사람이 많은 현지

인에게도 인기 음식점이다. Carla와 함께 식당에 갔던 미식가인 칼라의 남편도 맛있다고 칭찬했다는 이야기를 들어 기대감은 더 높았다. 이 집 음식은 특히 양이 많아서 웬만한 남자들도 남긴다는 설명도 해주었다. 나는 다 먹어 보려고 했으나 결국 절반쯤 먹고는 남기고 말았다. 양이 많은 것도 그렇지만 코로나 덕분에 2년 동안 한국에서 싱겁게 먹던 내 입에는 좀 짜고 느끼했다.

다음은 식당에서 적은 나의 노트다.

Brasao Cervejaria 식당

런치 11.7 일요일 12시

역시 직원 모두 친절하다. 주방 사진을 찍어도 되냐고 묻자 포즈도 멋지게 취해주셨다.

리셉션의 복고풍감성 시계

이 직원들의 사진에서 다시 한번 포르토 사람들의 친절함이 생각난다.

빵 버터 올리브오일

- 햄 등이 들어간 수제 버터 (버터의 수준 높음) 같이 제공되는 빵과 올리브는 평범함.

- 포르토는 빵이 맛있는 도시다. 캘리포니아에는 포르토라는 이름의 베이커리도 있을 만큼 이곳은 빵이 맛있다. 하지만 이 집 바게트는 포르토에서 먹은 빵 중 가장 평범해서 실망했다.

그런데 이 평범한 빵이 스프와 함께 먹을 때 진가를 발휘했다.

야채수프(Vegetable soup)

- 수프는 아주 뜨겁게 제공됨 올리브오일이 떠 있는데 좀 불편한 느낌

- 제공된 빵을 수프에 넣어 함께 먹어야 한다. 빵의 풍미도 살고 수프의 기름기도 다소 중화된다. 오일은 올리브오일과 마늘이 믹스 되었음

계란 프란세지냐 (Francesinha with egg)

　- 오므라이스를 연상시키는 비주얼이다. 꼭 빵 사이에 있는 중간의 고기와 함께 먹으라는 종업원의 설명. 첫맛의 느낌은 역시 짜다. 비슷한 맛의 다른 음식이 생각나지 않는다. 독보적 맛. 뛰어나다는 뜻은 아님 이 독특한 음식을 한 번쯤 맛보기를 추천한다. 이 녀석의 정체는 계란을 씌운 식빵을 위아래로 두고 가운데 소고기, 햄, 소시지를 듬뿍 넣은 고칼로리 음식이다.

　- 음식이 짜기 때문에 소금을 안 뿌린 프렌치프라이를 같이 제공해 준다. 오늘 음식 중 최고는 고급스럽고 진한 맛의 버터다.

식사를 마치고 Francesinha가 스파게티나 햄버거처럼 세계적인 음식이 되지 못한 이유를 알 것 같았다. 프란세지냐는 스파게티나 햄버거처럼 쉽게 만들 수 있는 음식으로 보인다. 그런데도 포르투갈의 유명 음식이지만 다른 나라에서 맛보기 힘들다는 건 대중성이 크지 않다는 이야기이기도 하다. 딱 포르투갈에서만 맛보면 아쉽지 않을 그런 음식이라는 생각이 들었다.

Brasao Cervejaria 식당 근처에 가격은 좀 더 저렴하면서 현지인들이 많이 가는 Francesinha 식당들이 꽤 있어서 다음에는 다른 식당에서 Francesinha를 맛보며 첫 맛에 대한 선입견이 바뀌길 기대해 본다.

Brasao Cervejaria 근처의 Francesinha 식당들

오후 늦게 와이너리를 방문했다. 원래 가고 싶었던 와이너리는 도우루계
곡(Douro Valley) 지역이었는데 거리와 시간상 당시 일정으로는 갈 수 없
어 Porto에 있는 CALEM(카렘)이라는 와이너리를 방문했다. 이곳은 와이
너리 투어를 30분 정도 하고 Fado공연을 한 30분 정도 하는데 이때 주정
강화 와인인 Port Wine을 화이트와 레드 각 한잔 씩 제공해 준다.

이 와이너리를 가려면 동 루이스 1세 다리를 건너야 하는데 다리 위로 건너는 게 아니라 다리 밑으로 건너야 한다. 이 다리를 건너기 위해 다리 밑으로 내려가는 방법은 두 가지가 있다. 하나는 지하 전차를 이용해서 내려가는 방법이고 또 하나는 계단을 이용해서 걸어서 내려가는 방법이다.

이런 계단을 약 15분 정도 내려가야 한다. 내려가는 건 멋진 경치도 보고 좋았는데 다시 돌아올 때는 등산하는 기분이었다. 나뿐만 아니라 대부분의 사람들이 중간에 쉬엄쉬엄 올라가는 짧은 등산코스 같다. 올라가는 지하 전차가 6시인가에 마지막 운행을 한다. 동루이스 다리 밑에서 저녁 식사를 하게 되면 택시를 타거나 아니면 좋으나 싫으나 걸어서 올라가야 한다. 이곳에 앉아 차를 마시면 시간이 언제 지났는지도 모르게 풍경 속에 빠져 시간이 흘러간다.

다리를 건너고 건너편을 촬영해보았다. 역시 멋지다.

해가 진 저녁의 풍경은 더욱 멋지다.

다음은 CALEM(카렘)에서 적은 나의 노트다.

카렘노트

2021.11.7

와이너리 Porto CALEM

-23유로

-와인설명 30분

-화이트1잔 레드1잔씩 제공한다.

-주정강화와인

-싸구려 위스키에 와인을 섞은 맛

-진심 맛없음

 난 원래 술을 잘 못한다. 맛이 없다는 건 나의 기준이고 주정강화 와인 좋아하는 사람들도 많다. 이곳의 Fado공연은 대체로 밝은 분위기의 경쾌한 음악을 한다.

 처음에 기타 연주를 몇 곡하고 여자 가수와 남자 가수가 차례로 나와 서너 곡을 부른 후 듀엣으로 마무리한다. Fado는 바닷가의 여인들이 바다에 나간 남편과 아들을 걱정하며 혹은 추억하며 부르는 것이란 설명을 어디선가 들어서 왠지 뭔가 한이 있는 듯한 노래를 기대했는데... 기대보다 좀 밝고 경쾌한 음악을 해서 다소 아쉬웠다. 하지만 멋진 공연이었고 이후 두 차례 더 Fado공연을 보면서 기대 했던 한이 있는 듯한 공연도 보았지만 오늘 본 공연의 수준도 높은 편이었다.

 음악의 장르는 틀렸지만 기타와 맞춰 노래를 부르는 분위기가 어쩐지 부에노스아이레스 BAR SUR(바수루)와 닮은 분위기이다. BAR SUR는 장국영 양조위 주연의 해피투게더란 영화에 나왔던 탱고 바인데 몇 년 전 JTBC의 트래블러라는 프로그램에서 소개된 적이 있다. 나 개인적으로는 BAR SUR가 전 세계에서 관람한 작은 공연장의 공연 중 최고 수준이라 생각한다.

길에 눈에 띄게 거지가 많다. 제3세계를 여행할 때는 국가에서 지원이 충분하지 않아 국민들이 힘든 삶을 산다는 생각을 했는데 이번에 여행한 포르투갈 뿐만 아니라 런던과 더블린에도 정말 많은 거지들 아니 거지는 좀 실례되는 표현이고 노숙자(Homeless)들을 보았다. 처음엔 제3세계에서 건너온 피난민(Refugee)인가 생각했는데 현지인 들에게 물어보니 자국민 노숙자들이 맞다고 한다.

우리나라는 2020년 1인당 GDP가 32,000달러 정도이고 포르투갈은 약 22,000달러 아일랜드는 약 83,000달러 영국은 약 40,000달러다.

1인당 GDP로 절대 국력을 평가할 수는 없겠지만 그래도 이 정도 부자 나라에도 노숙자가 많이 보이는게 좀 의아하다. 하늘은 스스로 돕는 자를 돕고 가난은 나라님도 구제못한다는 속담이 생각난다. 전 세계 최강국 미국에 가도 노숙자들이 많다. 그들 시스템의 어떤 허점이 자국민들을 거리로 내몰았을까? 미국은 배를 주리는 청소년들이 큰 문제로 대두되고 있다. 세계 최강 미국에도 그런 빈민층이 상당수 존재한다는 게 이해되지 않는다.

북유럽 사회주의를 신봉하는 친구가 있다. 이 친구는 우리나라도 북유럽식 사회주의를 도입해야 한다고 생각한다. 그런데 그러한 사회주의 정책은 북유럽에서는 점차 사라지고 있다. 정작 북유럽 국가들은 세금을 줄이고 복지 혜택을 차츰 축소하는 방향으로 가고 있으며 노동 시장의 유연성 역시 세계 최고 수준이다. 기업이 원하면 언제든지 노동자를 해고할 수 있다. 기업은 해고에 대한 부담이 없기 때문에 노동자에게 직업을 제공하는 데에도 좀 더 적극적이다.

스웨덴은 '더 많은 평등 대신 더 많은 자유'라는 캐치프레이즈를 앞세워 보수주의적 색채를 입힌 경제정책을 시작한지 이미 30년이나 되었다. 사회주의를 지향했던 북유럽 국가들은 많은 복지 비용 지출로 인해 정부의 재정이 어려워지고 정부의 개인에 대한 과도한 개입이 자국의 경쟁력을 떨어뜨리고 있다고 진단 했다.

무엇이 옳은 건지는 알 수 없다. 어느 책에서 전략은 환경에 대응한다는 내용을 읽은 적이 있다. 자국의 상황을 잘 파악해서 거기에 맞는 정책을 세우는 것이 정치인과 국가의 의무이다. 미국이나 서유럽 같은 자본주의 시스템이나 러시아나 중국 같은 사회주의 시스템 두가지 모두 문제가 존재한다. 이 세상에 완벽한 국가 운영 시스템은 존재하지 않는 것 같다.

이틀째와 삼일째날은 시내 구경을 했다.

Porto엔 세상에서 가장 아름다운 카페도 있고 세상에서 가장 아름다운 맥도날드도 있다. 또 세상에서 가장 아름다운 서점, 세상에서 가장 아름다운 기차역, 세상에서 가장 아름다운 다리도 있다. 이 도시 사람들의 포르토(Porto)에 대한 사랑과 자부심에 '세상에서 가장 아름다운'이란 이름을 붙여주는데 망설임이 없었던 것 같다.

포르토의 또 하나의 매력은 Azulejo(아줄레주)인것 같다. 아줄레주는 '작고 아름다운 돌'이라는 뜻인데 포르투갈 특유의 타일 장식이라고 이해하면 된다. 걷다 보면 곳곳에 아줄레주가 있는 벽화가 보인다. 특히 상벤투역과 알마스 성당의 아줄레주가 가장 아름답다. 타일 위에 그린 파란색의 그림들의 작품성은 잘 모르겠지만 그 색감이나 디테일이 주는 감흥이 있다.

알마스 성당

상벤투역의 아줄레주

코발트색의 티팟과 같은 느낌이다. 웨지우드의 히비스커스 커피잔이나 로얄 코펜하겐의 엔틱 찻잔을 연상시킨다. 상벤투역은 건축가 마르케스 다 실바와 화가 조르주 콜라수가 아름다운 기차역으로 꾸민 포르투의 랜드마크다. 약 2만개의 타일로 1905년부터 1916년까지 11년간 작업한 정성이 가득 들어간 예술작품이다. 포르투갈 역사의 주요 사건들을 아줄레주로 기록했다는데 역사적 배경은 잘 모르겠고 작품의 아름다움은 고개가 끄덕여진다.

렐루 서점 근처의 베이커리다. 개인적으로 이 집 빵들이 맛있어서 몇 번을 갔었다.

Porto는 역시 nata.

우리나라에서는 에그타르트로 지칭되는 nata(나타), 이 녀석을 먹어보아야 한다. 몇 년 전 마카오에서 에그타르트를 먹었을 때도 한국에서 먹던 것보다는 맛있다는 느낌이었는데 포르투갈에 처음 와서 먹은 에그타르트는 진심으로 맛있었다. 계란 노른자가 살아있다고 해야 하나? 그런데 이후 여러 번을 먹어서 그런 건지, 아님 처음 먹었던 렐루 서점 근처의 그 베이커리가 맛있었던 건지는 잘 모르겠지만, 첫날 이후 먹은 에그타르트는 첫날보다 특별히 맛있다는 느낌은 없었다. 입맛이 간사한 건가?

첫날 먹은 에그타르트와 빵과 함께 마신 커피 맛도 훌륭했다. 개인적으로 홍차와 커피를 좋아해서 해외에 갈때마다 유명 카페와 Tea Room을 찾아간다. 영국에 살던 젊은 시절엔 주구장창 티만 마셨는데 스위스로 공부하러 갔을 때부터는 커피에 맛을 들여서 하루 4~5잔씩은 마신 것 같다. 지금은 나이도 있고 해서 하루 3잔 미만으로 마시려고 노력하는데 중독이 되어서 그런지 사실 잘 안된다.

포르토의 세상에서 가장 아름답다는
Majestic Café(마제스틱 카페)

 1921년 문을 연 이곳은100년의 역사를 자랑한다. 해리포터를 쓴 조엔 롤링이 자주 가던 곳이다. '맛이 최고다' 라는 느낌은 없는데 가격은 포르토의 일반 카페보다 2~3배 정도 비싸다. 서울 강남 물가와 비슷하다고 생각하면 된다. 이곳엔 현지인이 별로 안보인다. 거의 대부분이 관광객들이다.

바르카 벨하(Barca Velha) 2011

　포르투갈 대학동창에게 혹시 스페인 와인을 많이 갖고 있는 와인숍을 소개해 달라고 하자 펄쩍 뛰며 포르투갈 와인이 스페인 와인보다 훨씬 더 좋은 와인이 많다며 내게 소개해준 와인이 바르카 벨하이다.

　우리나라에서는 많이 마시지 않는 와인으로 포르투갈 북부 포르토 지역의 대표 와인이다. 주로 주정강화 와인을 많이 생산하고 판매했던 포르투갈에서 와인의 고급화를 위해서 보르도 스타일의 바르카 벨하를 1952년부터 생산하기 시작했는데 철저한 품질 관리로 지금까지 19회만 출시가 됐다고 한다. 그만큼 품질관리에 공을 드린 와인으로 마지막 출시해가 2011년이다. 이 와인이 인기를 얻기 시작한 것은 90년대에 들어서 EU가입으로 세금 장벽이 무너지면서라고 한다.

　바르카 벨하 와인의 생산지인 포르토에서 바르카 벨하를 사고 싶었는데 미국보다 15~20% 비싼 가격을 두 군데의 와인 숍에서 확인하고 고민없이 포기했다. 오래 간직할 수 있는 기념품을 와인으로 사려했던 계획이었는데 와인 숍 주인아저씨의 설명대로라면 이 특별한 와인은 한가게당 6개월에(?) 단 3개만이 배당되어서 자신들도 마진 없이 싸게 파는 가격이 780유로라는 설명이었다. wine-searcher에는 미국에서

평균 720불에 판매된다고 검색된다. 세일즈 텍스를 더하더라도 790불을 유로로 환산하면 약 690유로이다. 가격차이가 10만원 이상이다. 생산지에서 기념으로 사려는 것인데 시세보다 비싸게 주고 싶지 않아서 구매를 포기했다. 그리고 며칠 후 운 좋게도 런던의 한 와인 숍에서 더 저렴한 가격으로 바르카 벨하를 구입할 수 있었다.

11월 9일 오전 기차를 이용하여 리스본으로 이동했다. 이동시간은 처음 San Bento(상벤토)역에서 출발하여 중간에 Campanth(캠펜스)역에서 기차를 갈아타고 가는데 기다리는 시간까지 다 합쳐도 4시간이 채 못되었다. 기차비용은 25유로정도다.

기차는 쾌적하고 사람이 많지 않았다.

식당칸은 깨끗하고 과일과 간단한 스낵 등을 판매한다.

포르토는 다시 오고 싶은 도시다.

친절한 사람들과 저렴한 물가 그리고 기후가 무엇보다 좋았다. 지금 집필 중인 '보름씩 가는 세계일주'가 완성되면 다시 가고 싶은 도시편을 기획해서 재방문 하고 싶은 곳이다.

▼ 포르투갈 리스본 ▼

여행기간: 2021. 11.10 ~ 11.13

리스본에서 대학 동문인 Ana를 만났다. Ana를 리스본 시내에 있는 A Brasileira(브라질리아)라는 유명한 카페에서 만났는데 그다음 날 다른 친구도 같은 곳에서 만나자고 했다. 현지에서도 유명한 곳이기에 두 친구 모두 같은 장소에서 만났다. 포르토의 Majestic Café와 비슷한 분위기인데 이곳엔 현지인들이 더 많고 앞에 작은 광장에서 공연을 해서 구경하는 사람들도 많았다. 이곳은 브라질에서 커피를 수입하면서 19세기에 문을 연 카페다. 처음 문을 열었을 때는 예술가, 작가, 지식인들의 토론의 장이기도 했던 역사 깊은 장소다. 예전에 만들어진 고풍스러운 카페답게 가격도 비싼 곳이다.

페소아[1]가 젊은 시절 세웠던 출판사의 이름이 ibis(이비스)다. 우리나라에도 있는 ACCOR(아코르)계열의 체인 호텔 이름과 같다. 젊은시절 호텔리어였던 나는 그에게 묘한 우호적 느낌을 갖게됐다.

---

1) 페르난두 안토니우 노게이라 페소아(Fernando António Nogueira Pessoa): 1888년 6월 13일 ~1935년 11월 30일)는 포르투갈의 시인, 작가, 문학 평론가, 번역가, 철학가이며 20세기 문학에서 가장 중요한 인물 중 한 명이자 포르투갈어 최고의 시인으로 손꼽힌다.

A Brasileira 카페입구

포르투갈의 유명 시인 페르난도 페소아의
조각상이 있다.

Ana는 대학에서 호텔경영을 공부한 후 지금도 호텔에서 근무한다. 다른 과목을 공부한 사람들은 잘 모르겠지만 스위스에서 호텔경영을 공부한 졸업생 중 지금도 호텔에서 근무하는 동문은 불과 20% 남짓이다. Ana는 졸업한지 25년이 지났는데도 아직 그 시절의 꿈을 가꾸고 키워가고 있는 의지가 굳고 성실한 친구다. 이 친구의 아버지는 포르투갈 경찰청에 오랫동안 근무하셨다. Ana의 아버지가 마카오에 파견근무를 한 덕분에 그녀는 유년기를 마카오에서 보냈다. 그래서인지 서양인이라는 느낌은 없고 왠지 동양인의 정서를 더 많이 갖고 있었다. Ana는 대학에서 호텔경영을 공부한 후 지금도 호텔에서 근무한다.

Ana는 학창 시절 만났을 수도 있지만 잘 기억이 나지않아 처음 만난 듯했다. 하지만 서로 알고 있는 친구들이 많아 어색함은 금방 없어졌다. 포르투갈 사람답게 친절하고 정 많은 이 친구와 학창 시절 추억을 나누며 즐거운 저녁시간을 보냈다.

이날 Time Out Market이란 곳에 데려가줘 멋진 곳을 구경할 수 있었는데 이곳은 한국의 Food Court처럼 식사장소는 공용 공간을 이용하고 음식은 각자 먹고 싶은 걸 사다 먹는 장소였다. 햄버거부터 하몽[2], 파스타, 생선요리, 초밥 등 다양한 종류의 음식을 판매했다. 그 중 우리는 문어요리, 돼지고기 요리와 하몽을 주문했다. 단연코 내 생애 최고의 문어 요리였다. 난 포르투갈 음식이 대체로 짜다고 느꼈었는데 이곳에서 먹은 음식들은 하몽을 제외하고는 좀 싱겁게 먹는 편인 내 입맛에 딱 맞았다. 가격도 착하다.

앞에 보이는 친구가 아나(Ana) 다.   맛있게 먹은 인생 문어요리

---

2) 하몽 : 스페인식 생햄으로, 돼지 뒷다리 부분을 통째로 잘라 소금에 절여 6개월에서 2년 정도 건조, 숙성시켜 만드는 음식

하몽은 언제나 짜다. 좋은 하몽 같았는데
내 입에는 역시 짜다.

감칠맛이 좋았던 돼지고기 찜요리

하몽 18유로, 문어와 돼지고기 요리는 각 10유로 정도다. 이곳에서 식사를 하는 현지인들은 대부분 와인을 마시는데 맛있는 음식과 와인을 저렴하게 먹고 마실 수 있다. 한 가지 이곳을 방문하게 되면 주의할 점이 있다. 이곳은 현금을 사용할 수 없다. 크레딧 카드도 MASTER나 AMX카드는 사용할 수 없으니 VISA Card를 지참해야 한다.

좋은 추억을 공유할 수 있다는 건 행복한 경험이다. 특히 좋은 음식과 와인 한잔이 곁들어지면 더욱 행복감이 커진다. 이 친절한 친구는 10년에 한 번은 마카오 영주권을 갱신하기 위해 마카오를 방문해야 한다. 홍콩 친구들 얘기로는 포르투갈 사람이 마카오 영주권을 반납하지 않고 갖고 있으면 일 년에 얼마간의 돈을 정부에서 준다고 한다. 우린 2024년 마카오에서의 재회를 약속하며 아쉬운 작별을 했다.

여행 중 가끔씩 Ana같이 친절한 사람을 만나면 천사를 만난 것 같은 느낌이 든다. Ana 뿐만 아니라 전 세계 이곳 저곳에서 가끔 천사를 만날 때가 있다. 이란에서는 모하메드가 홍콩에서는 Elaine이 대만에서는 Harris와 Jessica를 비롯한 AMY와 Ashly 등의 많은 친구들이, 영국 여행시에는 서윤일 형님이 미국에는 Amy고모가 있다. 그 외에도 이름을 기억하지 못하는 많은 천사들을 만났다. 카자흐스탄에서 만났던 친절한 자매들, 두바이의 민박집, 아일랜드 더블린 헤이즐 민박의 사장님… 그들을 만나며 전달받은 따뜻한 마음을 나도 언젠가는 누군가에게 줄 수 있을까? 더 나이 먹기전에 성깔머리부터 고쳐야겠다.

대부분이 현지인들인 Time Out Market 이곳에 동양인은 나 혼자였다.

둘째 날이다.

순서가 좀 바뀌었지만 첫날 방문한 Time Out Market과 함께 인상깊었던 둘째 날 저녁 방문한 미슐랭 2스타 Belcanto(벨칸토)를 먼저 소개하겠다. 포르투갈에서 낮에는 샌드위치나 햄버거 아니면 중국집에 가서 간단한 식사를 했다. 저녁이면 Fado(파도)공연을 보러 가던지 친구를 만나 식사를 하는 일정 아니면 미슐랭 식당 예약이 되어 있었기 때문에 식사의 밸런스도 맞추고 예산도 적절히 분배해서 식당을 갔다. 포르투갈은 음식값이 비싸지 않고 해산물이나 각 나라별로 식당의 종류가 많기 때문에 여행자들의 선택이 어렵지 않은 곳이다. 이날은 호카곶에 갔다가 저녁에 Belcanto에 갔다.

리스본도 포르토처럼 언덕이 많다.

미슐랭 2스타 벨칸토 식당

Belcanto / Lisbon

　포르투갈 음식을 하는 Belcanto 입구. 포르투갈 음식을 하는 리스본 식당 중엔 미슐랭 최고등급인 2스타를 받은 고급 식당이다. 6시 40분 도착했으나 문이 닫혀 있어서 주변에 물어보니 7시에 와야 문을 열어준다고 한다. 시내 한복판의 이면 도로에 위치했으며 비슷한 수준의 식당들이 몇 곳 있다. 6시 56분 도착하니 입장시켜 주었다. 좌석으로 안내하지 않고 리셉션 앞에서 기다리게 한다. 직원에게 경쟁 식당이 어디냐고 물었다. 주변의 Alma란 식당이 비슷한 수준의 경쟁 상대라고 한다.

　두가지 세트 메뉴가 있다. 한 가지는 Evolution 195유로. 쉐프가 몇달에 한 번씩 메뉴를 바꾼다. 다른 한 가지는 Belcanto 175유로. 정해진 음식을 제공한다. 나는 Belcanto 메뉴를 선택했다.

-Brioche(브리오슈) : 캐비아가 올라간 핑거푸드. 그런데 짜다.

-샴페인으로 맛을 낸 식전주 위에 유자 가루를 올려 산뜻한 맛

-이곳의 시그니쳐인 세가지 버터. 그런데 세가지 버터가 모두 짜다. 일반 버터를 달라고 했지만 없다고 했다.

-아보카도와 랍스터가 들어간 시저샐러드. 랍스터의 싱싱함과 함께 처음 맛보는 독특함이 있다.

-디저트에 초콜릿이 포함되지 않아 좀 아쉬웠지만 커피로 마무리 한다.

이곳 직원들이 메뉴에 없는 디저트를 주면서 '서프라이즈 메뉴'란 이야기를 자주한다. 이건 서울 롯데호텔의 프랑스 식당 피에르가니에르와 비슷하다. 피에르가니에르도 끝난 줄 알고 일어나려는 데 디저트를 하나씩 더 주어 너무 배부르게 먹은 기억이 있다. 전체적으로 훌륭한 저녁이었다.

난 미슐랭 식당에서 뒤통수를 얻어 맞은 것 같이 감탄할 만한 맛있는 음식을 먹은 적은 없다. 미슐랭 식당은 맛도 맛이지만 좋은 서비스와 분위기를 즐기는 곳이라 생각한다. 그런 의미에서 이 곳은 훌륭한 미슐랭 식당이다. 리스본에 가시면 Belcanto에 한번 방문하시길 추천 드린다.

한국의 어떤 미슐랭 스타 식당에 가면 자신들이 미슐랭 스타를 받은 식당이라는 자부심이 종종 잘못된 방향으로 표출될 때가 있다. 마치 '응 너희는 좋은데 왔으니까 우리가 주는 대로 먹고 가' 하는 느낌이다. 값비싼 식사를 하는 동안 그 누구도 음식을 갖다 주며 미소를 짓질 않는다. 정중함은 미소를 짓지 않거나 웃지 말라는 이야기가 아니다. 식당의 최고 가치는 그 손님이 얼마나 즐겁고 편안하게 그 시간을 보냈느냐에 있다. 우린 상 받은 좋은 식당이니까 우리 식대로 주는 대로 먹고가라는 태도는 진짜 잘못된 거다. 그런데 이런 식당들이 생각보다 많다. 이런 잘못된 식당 문화가 이미 어느 정도 고착되어 있어 걱정된다.

언젠가 텔레비전에서 유라시아 대륙을 오토바이로 횡단하는 일본남자를 본적이 있다. 나이가 지긋한 중년 신사인데 남미 남단서부터 알래스카까지 모토사이클을 타고 횡단한 기록도 갖고 있는 탐험가이다. 다큐멘터리 형식의 이 프로그램은 모토사이클로 포르투갈 호카곶을 시작으로 유럽과 유라시아 대륙을 횡단하여 블라디보스톡에서 페리를 타고 일본으로 귀국하는 3개월여의 과정을 보여준다. 난 이 프로그램의 팬이 되었다. 짧은 기간동안 사계절을 모두 지나며 겪는 광활한 유라시아 횡단여행이 멋있어 보이고 모토사이클은 아니겠지만 같은 루트를 여행 해보고 싶은 인생 프로젝트가 되었다.

그리고 그 시작점인 호카곶은 세계여행을 하는 내게는 꼭 가보고 싶은 곳이었다. 그래서 내게 리스본 여행은 시내 관광이 아니라 호카곶을 가보는 것이 목적이었다. 호카곶에 가는 여정에 산트라와 카스카이스에도 들르기로 했다.

둘째날 아침 일찍 일어나 전철과 버스를 이용해 산트라에 갔다. 50대인 내가 이용하기에 그렇게 어렵지도 불편하지도 않은 일정이었지만 실수로

한 정거장을 먼저 내려 다음 전철이 올때까지 한참을 기다려야 했다. 그 바람에 아쉽게도 시간이 줄어들어 계획했던 방문지 숫자를 줄여야만 했다. 원래 산트라에 있는 3개의 성을 모두 가려고 했는데 가장 유명한 페냐성 한곳만 방문하고 호카곶에 갔다.

페냐성

신트라의 골목길

페냐성 위에 올라가면 경치 좋은 곳에 카페가 있다.

성위에서 보이는 풍경이 예쁘다. 페냐성에 두 시간쯤 머문 후 호카곶으로 향했다.

저 앞에 세상의 끝을 알리는
십자가탑이 보인다.

세상의 끝 호카곶에 왔다, Cabo da Roca (카보 다 로
카).세계일주를 완성하면 기념으로 다시 이곳에 오고
싶다는 마음이 생겼다.

세상의 끝에서 바라본 바다는 오묘한 푸른빛의 신비감이 있다. 옛날 사람들은 저 수평선 너머에 절벽이 있어서 바다 밑으로 떨어진다고 믿었다. 지금 생각해보면 귀여운 발상이지만 그만큼 바다는 그 옛날 삶의 터전이면서도 공포의 대상 이었던 게 아닐까?

카스카이스에 왔다. 카스카이스 한 식당의 화장실 남녀 표시가 재미있다. 유머있는 포르투갈 사람들이다.

이곳은 리스본 관광과 교통의 출발점이고 리스본에서 가장 큰 광장이다. 크리스마스가 한달쯤 남았는데 트리를 설치해 놓았다.

리스본의 코메르시우 광장

리스본 시아두 국립현대 미술관에 왔다.

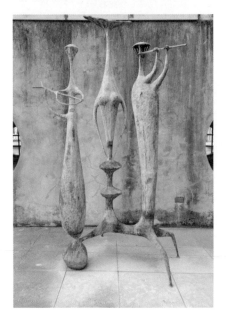

난 미술에 대한 전문지식은 부족하지만 현대 미술을 좋아한다. 이곳에는 포르투갈 출신 작가들의 작품을 주로 전시해 놓았는데 미술관 규모도 좀 작은 편이고 솔직히 내 눈을 끄는 작품도 없었다. 한시간쯤 둘러보고 나왔다.

저녁에 Fado공연을 보러 갔다.

포르투갈에서 이번이 세 번째 보는 파두 공연이다. 파두가 포루투칼 뱃사람 가족들이 뱃사람의 무사귀환을 위해서 혹은 사고를 당한분들을 추모하기 위해서 부르는 '한'이 느껴지는 노래라고 들었는데 처음에 갔던 공연에서는 너무 경쾌한 파두를 관람했고 또 한번은 젊은 남자가 혼자 부르는 너무 캐쥬얼한 파두를 관람했다. 이번에는 한이 느껴지는 전통 파두공연을 기대했다.

이 테이블 사이로 가수들이 오가며 노래를 한다.

음식은 괜찮은 편인데 뭘 먹었는지 잊어버렸다.

이곳 직원들은 공연장이 꽉 차는 바쁜 상황에서도 미소를 잃지 않고 친절한 서비스를 한다. 이건 서비스 교육의 힘이 아니라 이들의 좋은 인성인 것 같다.

여러 가수가 공연을 했는데 이 할머니 가수가 최고였다. 7살때부터 가수를 했다는데 지금 80이 넘은 나이다. 평생 노래만 하신 이 가수분의 목소리에 내가 듣고 싶어했던 '한' 이 서려 있었다. 이 분 노래를 듣는데 이 분과는 하나도 닮지 않은 서울의 어머니가 생각나는 건 왜일까?

마지막날이 되었다.

　오늘은 오후 비행기로 더블린에 간다. 오전에 호텔을 나와 벨렘지구 타구스 강변에 있는 MAAT에 왔다. MAAT는 Museum of art, Architecture and Technology의 약자다. 번역하면 현대미술, 건축, 기술관련 전시장이다. 이곳은 리스본에서 가장 멋진 건물이 있다.

누구는 파도를 닮았다고 하고 누구는 물고기를 닮았다고 하는 이 멋진 건물은 영국의 건축 회사에서 지었다.

건물안에 강을 보며 차와 식사를 할 수 있는 공간이 있다. 비행기 시간 때문에 박물관은 못 둘러보고 커피만 한잔 마시고 왔다. 리스본에 다시 오게 되면 MAAT에 와서 한나절 보내고 싶다.

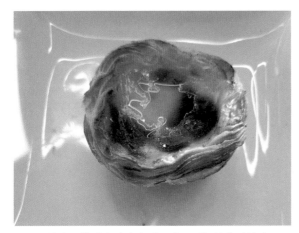
공항에 도착해서 마지막 에그타르트를 하나 먹었다.

11월 중순의 리스본은 정말 날씨가 좋다. 반바지나 반팔을 입은 사람도 꽤 눈에 띄고 햇빛이 좋지만 그렇게 강하지도 않다. 여행하기 너무 좋은 날씨다.

포르투갈 여행에서 문화유산, 박물관, 멋진 건물, 맛있는 음식 등이 모두 좋았지만 그보다 따뜻한 마음이 느껴지는 친절한 포르투갈 사람들이 너무 좋았다. 대부분 친절하고 무언가 부탁하면 정말 열심히 도와준다. 물론 이곳에서도 이상한 사람을 만나 기분이 상한 일도 있었지만 대부분의 포르투갈 사람들은 사랑스러운 마음을 갖고 있다. 이 멋진 날씨가 예쁜 마음을 갖도록 해주었나?

이 친절한 나라에 다시 올 수 있기를 소망해 본다.
이제 아일랜드 더블린으로 출발한다.

04

✤

아
일
랜
드

IRELAND

아일랜드 지도 _____ − _____

IRELAND

도네갈
(Donegal)

북아일랜드
(U.K)

노스 해협

슬라이고
(Sligo)

모나한
(Monaghan)

메이요
(Mayo)

리트림
(Leitrim)

카반
(Cavan)

라우쓰
(Louth)

로스콤몬
(Rosecommon)

롱퍼드
(Longford)

미스
(Meath)

더블린
(Dublin)

콜웨이
(Galway)

웨스트미스
(Westmeath)

오펄리
(Offaly)

킬데얼
(Kildare)

대서양

레이시
(Laois)

위클로
(Wicklow)

클래어
(Clare)

아일랜드해

카로우
Carlow

티페라리
(Tipperary)

킬케니
(Kilkenny)

웨스포드
(Wexford)

리머릭
(Limerick)

케리
(Kerry)

워터포드
(Waterford)

코크
(Cork)

켈트해

아일랜드 IREND

아일랜드

여행기간 2021. 11.13 ~ 11.15

아일랜드 여행을 준비하면서 놀란 것 중에 하나가 유럽의 못사는 변방으로 알고 있던 아일랜드의 1인당 GDP가 2020년 기준 84,000불에 가깝다는 것이었다. 심지어 이 글을 쓰는 현재 2022년은 전세계 GDP 2위로 10만불이 넘는다. 기네스 맥주 말고는 난 잘 모르는 나라이기도 하거니와 역사적으로 아일랜드를 끝없이 괴롭혀온 영국의 GDP가 4만불 조금 넘는 정도로 알고 있기에 아일랜드의 높은 1인당 국민소득은 놀랍기만 했다.

조세피난처라고 EU의 미움을 받는 아일랜드 정부는 좋은 기업들을 유치하기 위해 유럽 최저 수준의 법인세 12.5% 첨단기업은 6.25%라는 믿기 힘든 공격적인 세금 정책을 썼다. 그 결과 아일랜드는 전세계 순위로 1인당 국민소득 2위라는 놀라운 나라로 변신했다. 난 원래 기업의 감세를 지지하긴 하지만 그런 정책을 통해 유럽의 변방이었던 아일랜드가 불과 몇 십년 사이 놀라운 발전을 이룬 것이 너무 기특하기만 하다. 더블린에서 택시를 타고 사람 좋아 보이는 60대의 아일랜드 택시 기사님과 이런 저런 이야기를 나누었다. 더블린에 처음 왔다고 하니 숙소로 가는 도중 지나치는 역사적 건물들과 거리들에 대한 설명도 자세히 그리고 성의있게 해 준 친절한 분이었다.

자기도 여행을 좋아한다는 이 기사님에게 다음 여행지가 영국 런던이라고 이야기하자 불쑥 그곳에 가면 이곳과는 다른 불친절하고 냉정한 사람들만 만날 거라고 했다. 난 처음에 농담을 하는 줄 알고 웃어 넘겼는데 그는 진심으로 한 말이었다. 난 그와의 대화를 통해 아일랜드 사람들의 마음속 깊이 뿌리 박힌 영국인들에 대한 미움을 엿볼 수 있었다. 아일랜드와 영국의 관계는 우리와 일본의 관계와 일부 비슷한 면도 있다. 우리에 대한 일본의 지배가 35년이었던 것에 비해 영국은 8백년이란 긴 기간동안 피지배국인 아일랜드에 많은 악행을 저질렀다. 아일랜드인을 하얀 원숭이라고 부르며 아프리카 흑인처럼 멸시하고 무시했으며 특히 아일랜드의 고유 언어를 말살시켜 지금 아일랜드에는 아일랜드어를 쓰는 사람이 거의 없다.

한나라의 언어를 말살시킨다는 것은 얼마나 끔찍한 짓인가? 일본이 35년간 조선을 침략, 통치하며 수탈해간 것을 박정희 대통령이 부족하게나마 일본으로부터 보상도 받고 이후 김대중 대통령때 일부 사과도 받아낸 것과 비교하면 신사의 나라라고 일컫는 영국은 아직껏 사과와 보상에 매우 인색했다. 90년대 초 Wales(웨일즈)에서 유학하던 시절 잉글랜드와 프랑스가 축구 경기를 하면 일부 사람들이 프랑스를 응원한다는 이야기를 듣고 뿌리 깊은 지역주의에 놀랐었는데 아일랜드는 웨일즈와는 차원이 다른 깊은 미움을 영국에 대해 갖고 있는 것처럼 보였다. 또 한가지 내가 느낀 특이한 점은 내가 만난 몇몇의 아일랜드 사람들은 자신들이 영국인보다 더 인간적이고 좋은 사람이라는 자부심이 있었다. 그날 만난 그 택시 기사님뿐 아니라 아일랜드 사람들 대부분이 친절하고 좋아 보였다. 시내 어디서인가 버스를 타려고 길을 물었는데 내 질문을 들은 근처에 있던 사람들 6~7명이 모두 다가와 이쪽으로 가지 말고 저리로 가는 게 더 빠르다는 식으로 길을 가르쳐 주었다. 50대의 남자 아시아 여행객에게 이처럼 친절한 나라는 별로 없다. 이곳은 내 느낌에 전체적인 분위기가 무슨 작은 시골 마을의 공동체처럼 친절하고 활발하며 적극적이었다. 그리고 난 더블린이 특별히 다른 유럽 도시보다 멋있다는 생각은 못했는데 LG가 91년 더블린에 유럽디자인 연구센터를 여기에 설립했다는 걸 보니 미적 감각과 디자인도 뛰어난 곳인듯 하다. 그런데 내 개인적으로는 그런 감을 전혀 못 느끼겠으니.. 참 아이러니 했다.

첫째 날은 밤 늦게 도착해서 잠만 자고 둘째 날 아침에 관광을 시작했다. 흑맥주 GUINNESS(기네스)의 나라 아일랜드에 왔으니 기네스 공장을 한번 가기로 마음먹었다. 술을 거의 못하는 나에게 기네스는 별로 매력 있는 관광 아이템이 아니었지만 묵었던 숙소에서 걸어갈 수 있는 거리이기도 했고 기네스 공장과 현대미술관 그리고 트리니티 칼리지는 더블린의 필수 관광코스로 되어있어서 가보기로 했다. 숙소에서 기네스 공장에 가는 길에 Irish Museum of Modern Art(IMMA) 아일랜드 현대미술관을 방문했다. 미술관에 도착도 하기 전에 미술관으로 안내하는 길 때문에 벌써 이곳이 마음에 들었다.

미술작품을 감상하고 느끼는 건 사람마다 틀리겠지만 미술적 지식이 부족한 내 눈에 조차 이곳의 작품들이 좋아 보였다. 기회 되면 꼭 방문해 보길 바란다.

미술관으로 안내하는 길. 한번 더 걷고 싶은 길이다.

어린 왕자에 나오는 여우가 생각난다.

미술관 입구

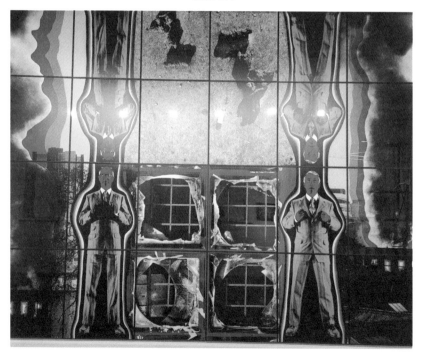

미술관에 전시된 그림들과 설치물들이 재미있었다.

미술관에서 나와 조금 더 걸어서 기네스 본사에 도착했다. 맥주에 별다른 취미가 없지만 기네스 한 잔이 포함된 입장권을 구매해서 관람을 시작했다. 가격은 관람코스에 따라 여러가지가 있는데 난 22유로 관람을 선택했다. 꼭대기에 Gravity BAR(그레비티바)가 있다. 그곳에 올라가면 아일랜드 시내가 한눈에 보이는 전망대와 같다는데 난 짧은 일정상 올라가지 못하고 와서 아쉬웠다. 관람객들에게 기네스의 역사와 맥주를 만드는 과정 그리고 아카데미까지 잘 짜인 구성의 박물관이다.

기네스 본사 공장

본사 입구

가운데가 뚫린 원형의 7층 건물이다. 각층마다 테마가 틀리다. 아카데미와 BAR도 있다.

이 물고기가 자전거 페달을 밟고 있다. 움직이는 작품이다.

관람을 끝내고 야외에 마련된 시음장에서 기네스를 한 잔 마셨다. 처음에 브라운색이 나는데 좀 지나면 원래 기네스 색이 날 테니 그때까지 기다렸다 마시라는 설명을 들었다. 이곳을 왔다 갔던 영국에 사는 지인의 말로는 이곳에서 마신 기네스가 자신이 마신 인생 최고의 기네스였다고 한다. 이곳을 방문한 이후 가끔씩 기네스를 한 모금씩 마셔보는데 원래 맥주를 잘 안마시는 난 차이를 잘 모르겠다. 좀더 Fresh 한가?

기네스 박물관을 나와서 National Galley of Ireland에 갔다. 규모도 크고 많은 작품들이 있어서 한참 동안 관람을 했다. 그런데 개인적으로는 오전에 방문했던 현대 미술관 Irish Museum of Modern Art(IMMA)의 작품들이 더 좋았던 것 같다 그날 이곳에서는 특별히 마음에 드는 작품을 보지는 못했다.

Jules Breton(줄스 브레튼)의 작품이다. 그는 프랑스의 동식물 연구가이
며 화가이다. 우리에게 유명한 밀레의 작품이 아니다. Jack B Yeats(잭 버
틀러 예이츠)[1] 특별전시회를 하는데 난 전혀 모르는 화가다.

---

1) 잭 버틀러 예이츠 : 예술가 존 버틀러 예이츠(John Butler Yeats)의 아들이자 시인 윌리엄 버틀러
예이츠(William Butler Yeats)의 동생으로 1871년 런던에서 태어났다. 카운티 슬리고(County
Sligo)에서 수학하였고, 영국으로 옮겨서는 웨스트민스터 미술학교(Westminster School of Art)
의 프레드릭 브라운(Frederick Brown) 밑에서 그림 수업을 하였다.예이츠는 잡지와 책을 위한 일
러스트 작업과 글을 썼고, 1894년에는 셜록 홈즈의 카툰집을 발행한다. 제 1차 세계 대전후, 예이츠
는 아일랜드로 돌아와 본격적인 그림작업과 집필을 한다. 잭 버틀러 예이츠는 1957년 더블린에서
사망했다.

관람을 마치고 근처 식당에 가서 Fish & Cheap을 먹었다. 맛은… 튀김이니까 괜찮다. 고무신발을 튀겨도 맛있다.

오후에는 Westbury Hotel(웨스트 버리 호텔)에 Afternoon Tea를 마시러 갔다. 사실은 The Merrion Hotel(메리안 호텔)에 가고 싶었는데 예약이 차 있어서 가지 못했다. Westbury Hotel은 예약을 안하고 그냥 갔는데 자리가 있어서 차를 마실 수 있었다. 이곳은 처음에 한 번 음식을 시키면 몇 가지 디저트를 제외하고는 그 외 샌드위치와 차를 무제한으로 제공해 준다.

나는 차를 마시러 가서 Tea의 수준이 높을 거라는 판단이 들면 랍상소총[2]이나 다즐링[3]을 마시고 그렇지 않다고 생각되면 밀크티를 만들어서 마실 수 있는 잉글리쉬 블랙퍼스트 혹은 아쌈[4]을 마신다. 이곳에서는 직원의 권유로

---

2) 정산소종(正山小種): 중국 푸젠성 우이 산(武夷山)의 숭안현 동목촌 지역에서 기원한 중국 홍차의 일종
3) 다질링 홍차(Darjeeling tea): 인도 다르질링 지방에서 생산되는 홍차의 한 종류
4 아쌈 홍차(Assam): 인도 아삼지방에서 생산되는 홍차를 통칭하는 말

Irish whiskey cream이란 Tea를 처음 마셔보았다. 아쌈에 위스키와 코코아 향을 입힌 차인데 밀크티 좋아하시는 분들에게 추천하고 싶다. 티를 여러 종류 마실 수 있어서 좋았다.

멋진 3단 tray다. 최근에 만나본 3단 tray 중 최고인 것 같다.
스콘이 식지 말라고 보자기에 싸여 제공되어 더욱 좋았다.

디저트가 좀 달다. 물론 디저트니까 단맛이 나는게 맞지만 생각보다 단맛이 강했다. 난 반도 먹지 못하고 남겼다.

전통 영국식 샌드위치다. 얇은 오이가 들어가 있고 계란과 햄치즈 등의 구성이 좋다.

스콘이 맛있었다. 클로티드 크림이 아닌 버터와 제공되었는데 맛과 향이 좋았다.

차도 맛있고 피아노 연주도 좋았고 직원들도 친절해서 여행 도중 오후에 잠깐 쉬어 가기에 안성맞춤이었다. 특히 좋았던 건 우리 나라에서는 찾기가 쉽지 않은데 이곳 Westbury Hotel의 Tea Lounge에는 탁자에 흰색 식탁보가 씌어진 고급스러운 분위기라 더 좋았다. 가격은 좀 있지만 이런 멋진 분위기에서 좋은 차를 마시는 추억을 만들었다.

그 다음날은 더블린의 필수 여행코스인 트리니티 칼리지에 갔다.

정문에서 바라본 캠퍼스

왼편으로 그 유명한 켈리의 서가 있는 Old Library가 있다. Old Library 도서관 전경 이곳은 복원작업 때문에 2023년 10월부터 3년간 건물을 폐쇄한다. 1732년부터 사용된 이 도서관에는 아일랜드 최고의 책인 '켈리의 서(Book of Kelly)'가 있다 이 책은 약 서기 800년쯤 라틴어로 제작된 복음서이다. 켈리의 서를 비롯한 많은 고서들도 앞으로 3년간은 만날 수가 없다.

트리니티 칼리지를 보고 런던으로 가기 위해 공항으로 향했다.

사장님 성격만큼 깔끔하고 맛있었던 저녁 밥상

정문 앞의 작고 예뻤던 가든

더블린에서는 한인 민박을 했다. 그전 여행지인 포르투갈과 다음 여행지
인 런던에서 호텔에 머무르기 때문에 빨래도 하고 한국 음식도 먹을 생각으
로 민박을 찾아봤는데 코로나 때문에 폐업을 한곳이 많았다. 그나마 여전
히 영업을 하는 민박집 한 곳과 연락이 닿아서 식당예약 등 도움을 많이 받
았다. 헤이즐 민박이란 곳인데 한국여자 사장님이 운영을 하신다. 친절하고
성격도 깔끔하셔서 이틀 밤을 정말 편안히 잘 지내고 왔다. 비행기가 자정
이 다되어 더블린에 도착해서 민박집에 도착한 건 새벽 1시를 훌쩍 지나서

다. 늦게 도착한 것도 너무 죄송했는데 라면을 끓여 줄 테니 요기를 하겠느냐고 물어보셨다. 난 죄송한 마음에 사양을 했더니 그럼 맥주나 간단한 다과라도 먹겠느냐며 그 외에도 뭐 필요한 게 있는지 얘기하라고 했다. 무슨 친척집에 온 것도 아닌데 이렇게나 챙겨주시며 어찌나 친절하신지…

이틀째 저녁은 심심한 나를 위해 동네에 사시는 한국남자 지인분을 저녁 식사에 함께 초대했다. 저녁을 먹고 Pub에 가서 맥주도 같이 마시고 즐거운 시간을 보냈다. 그런데 저녁 밥값을 드리려고 했지만 받지 않으셔서 감사하면서도 한편으로는 난감했다.

더블린은 나에게 매력적인 관광지는 아니었지만 친절한 민박집 헤이즐 사장님과 따뜻한 마음이 느껴지는 아일랜드 사람들 덕분에 편하고 좋은 시간을 보냈다. 더블린에 또 올 지는 모르겠지만 다음에 오게 되면 한번 더 이곳에서 묵고 싶다. 이제 런던으로 간다.

05

영국 ENGLAND

영국 지도 ——— — ——————

ENGLAND

웨스턴아일스
(Western Isles)

북대서양

그램피언주
(Grampian)

하일랜드주
(Highland)

테이사이드
(Tayside)

북해

아가일 앤드 뷰트
(Argyll & Bute)

센트럴주
(Central)

파이프
(Fife)

에든버러
(Edinburgh)

글래스고
(Glasgow)

에어 & 래녁서
(Ayshire &
Lanark)

스코티시보더
(Borders)

(Newcastle area)

덤프리스 갤러웨이
(Dumfries & Galloway)

노섬벌랜드
(Northum
-berland)

더럼
(Durham)

티스사이드
(Teesside)

컴브리아
(Cumbria)

노스요크셔
(North Yorkshire)

아일랜드

랑카셔
(Lancashire)

웨스트
요크셔
(West
Yorkshire)

요크셔 앤드 더 험버
(Humber area)

머지사이드주
(Merseyside)

맨체스터
(Manchester)

사우스
요크셔
(South
Yorkshire)

체셔
(Cheshire)

더비셔
(Derby
shire)

노팅엄셔
(Notting
hamshire)

링컨셔
(Lincoinshire)

클루이드
(Clwyd)

귀네드
(Gwynedd)

슈롭셔
(Shropshire)

스탭스
(Staffs)

레스터셔
(Leicestershire)

노팍
(Norfolk)

포이스
(Powys)

해리퍼드
우스터 주
(Hareford)

웨스트
미들랜드
(West
Midld)

워릭
(Warwick)

노샘프턴서
(Northants)

케임브리지셔
(Cambridgeshire)

서픽
(Suffolk)

디버드
(Dyfed)

스완지
(Swan Sea)

권트주
(Gwent)

글로스터셔
(Gloucs)

우스퍼드서
(Oxfordshire)

버킹햄셔
(Bucks)

베드퍼드
(Bedford)

런던
(LON)

에식스
(Essex)

버크셔
(Berkshire)

브리스틀해협

윌트셔
(Wittshire)

햄프셔
(Hampshire)

서레이
(Surrey)

켄트
(Kent)

서식스
(Sussex)

도버해

서머싯
(Wittshire)

도싯
(Dorset)

데번
(Devon)

콘월
(Cornwall)

영국해협

영국 ENGLAND

▼ 영국 ▼

여행기간 2021. 11.15 ~ 11.20

영국은 즐거운 기억과 불편한 기억이 공존하는 나라다. 스무 살 아직 어린 나이에 처음 혼자 살기 시작한 곳이고, 지금도 친하게 지내는 친구들이 있어서 즐거운 기억이 잔뜩 있는 곳이기도 하지만, 아픈 기억도 있는 곳이다. 청소년 시절 미국에서 살다가 영국에 가게 되어 영어로 소통은 가능했지만 언어와 상관없이 보살펴 주는 어른없이 혼자 산다는 게 얼마나 매서운가를 처음 알게 된 영국이기도 하다. 평소 잘 알고 지내던 한국 형이 아기 우유값이 없다며 부탁을 해 빠듯한 내 생활비에서 일주일 후 돌려받기로 하고 얼마간의 돈을 빌려줬다. 돈을 빌려주고 이틀 후에 몰래 한국으로 귀국한 것을 알게 되었을 때의 배신감은 이루 말할 수가 없었다.

한국에 와서 돈을 달라고 연락하자 이후 연락을 끊어버린 그사람에게 배운 교훈은 당연하게도 절대 돈 거래는 하지 말아야 한다는 것이다. 이후로 난 정말 왠만하면 돈 거래는 하지 않았고 혹시 돈 거래를 하게 되면 못 받을 것이다라는 생각으로 돈을 주었는데 실제로 못받은 경우도 가끔 있었다. 그래도 그런 경우는 그럴 수도 있으리라 하고 돈을 빌려주었기 때문에 못받더라도 스무 살 때처럼 마음의 멍은 들지 않았다. 영국은 스무 살 시절 유학을 했던 곳이라 지금도 연락을 하고 지내는 친구와 지인들이 몇 분 있어서 그들과 만나기로 했다. 또 기회가 된다면 당시 처음 영국에 유학와서 학기가 시작하기 전까지 하숙을 했던 런던의 하숙집 주인도 찾아가서 만나고 싶었다. Swansea에서 학교를 다닐 때는 집을 빌려서 영국 친구 둘과 함께 살았는데 그 중 한 친구가 런던 북부인 Huddersfield(허더즈필드)에 살고 있어서 런던에서 만나기로 약속했다. 런던에는 같은 교회를 다녔던 지인분들이 아직 살고 계셔서 만나고 싶은 사람들이 많았다.

Heathrow(히스로) 공항에 도착하니 친한 형님이 마중을 나와 계신다. 런던에서 한국식당을 경영하시는데 손흥민 맛집으로 유명한 올레라는 식당이다. 이 형님은 내가 영국에 있는 동안 거의 매일 오전 10시에 호텔로 픽업을 와서 일정을 같이 한 후 저녁 10시에 호텔에 데려다 주셨다. 그 신세를 어떻게 갚을런지. 형님차를 타고 편하게 다니니 미리 준비한 지하철 승차권도 별로 필요하지 않았다. 이 형님에게 런던에서 너무나 많은 신세를 졌다. 첫날 저녁도 이 형님이 맛있는 홍콩식 중국집을 예약해 주셔서 다른 형님 한 분까지 셋이 함께 식사를 했다. 기억을 더 듬어보면 내 인생에서 홍콩식 중국음식을 처음 먹어본 곳이 런던이었다. 미국에 살 때는 한국식 중국집을 다녔기 때문에 홍콩식 중국음식인 딤섬이나 베이

왕키식당

징오리 등은 스무 살 때 런던에서 처음 먹어보았다.

학생시절 소호에 있는 왕키라는 식당에 자주 갔었다. 이 식당은 당시 세계에서 가장 불친절한 식당으로 기네스북에 올랐다는 이야기가 있었다. 정말 불친절한 곳이었지만 저렴한 가격에 양도 많이 주고 특히 음식 맛이 좋아서 항상 대기줄이 길었다. 왕키는 식당에 입장하는 순서대로 큰 원형 테이블에 서로 모르는 사람들하고 앉아서 식사를 해야 했다. 당시에는 테이블에 수저가 셋팅된 상태가 아니라 사람이 들어오면 플라스틱으로 된 젓가락을 하나씩 나눠주었는데 거의 던지는 수준으로 젓가락을 주었다.

같은 테이블에 있던 누군가 젓가락에 파가 눌러 붙어있다고 바꿔 달라고 직원에게 얘기했을 때 그 직원의 표정과 답변을 잊을 수가 없다. 어딘가 이소룡 영화에 등장하는 악당처럼 생긴 그 직원은 지저분한 복장을 한 채로 정말 무표정한 얼굴로 'No Happy? Out!' 이라는 짧은 답변을 했다. 근데 항의를 한 사람도 테이블에 앉아 있던 다른 사람들도 재미있다는 듯 '킥킥'거렸다. 왕키의 트레이드 마크인 '불친절함'을 난 그때 처음 경험했다.

하긴 우리나라에도 욕쟁이 할머니 식당이 한때 유행이었으니 비슷한 맥락이 아닌가 싶다. 2002년 런던 출장을 갔을 때 옛일을 생각하며 출장 첫날 추억의 왕키에 갔었다. 10년 만의 방문이었는데 왕키는 예전보다 깨끗하고 인테리어도 좋아지고 직원들도 조금은 덜 불친절한 것 같았다. 그래도 퉁명스럽고 무표정하게 주문을 받는 등 기본적인 불친절함은 남아있어서 옛추억을 떠올리며 즐겁게 식사를 했다. 예전 같은 불친절함이 많이 없어지고 친절해진 왕키의 서비스가 오히려 좀 생소하고 아쉬운 마음이었다. 그러다 최근에는 왕키에서 불친절함을 찾아보기 힘들다는 이야기를 듣고 예전의 왕키의 불친절함을 생각했던 나는 왕키 방문을 포기했다. 난 왕키를 예전 불친절함의 대명사였던 그 식당으로 마음속에 간직하고 싶었다.

왕키는 아니지만 소호에서 한국식당을 운영하시는 형님이 홍콩식 중국식당에서 저녁식사를 하자고 해서 도착한 첫날 저녁, 중국식당에 갔다. Park Chinois 라는 중국식당인데 내 평생 가보았던 중국식당 중 가장 호사스럽고 맛도 좋은 곳이었다. 이곳은 식사를 하면서 재즈 공연도 관람하는 곳인데 1인당 20파운드 정도의 입장료(Cover Charge)가 있다. 식사를 하러 세 명이 갔으니까 공연 관람료만 10만원쯤 낸 셈이다.

정말 맛있었던 딤섬

실내장식이 고급 프랑스식당 같다.

홍콩 식 돼지갈비

북경오리는 압권이었다.

생선요리와 오렌지 치킨

이 집은 채소를 일본에서 수입해서 쓴다. 채소가 싱싱하고 맛있다.

너무 맛있는 저녁을 대접받았다.
서울에 오시면 뭘 대접해야 하지?
이렇게 맛있는 식당을 찾기가 어려
울 것 같다.

유럽에서는 영국 음식은 맛없기로 유명하다. 영국은 아침에 먹는 영국식 조찬이 하루 세 끼 중 제일 먹을 만하다는 조롱 섞인 농담이 있고 가까운 프랑스 사람들은 영국음식은 '혀의 테러'라고까지 한다. 대부분의 음식이 기름지고 조리법도 발달하지 못했던 영국이지만 지금은 미식의 천국인 도시가 되었다.

고든 램지 레스토랑에 가고 싶어 예약을 시도했는데 10월초에 이미 크리스마스까지 모든 예약이 완료되었다. 고든 램지나 미슐랭 2스타 이상의 유명 식당들은 최소한 3~4개월 전에 예약을 해야 된다.

영국식 아침인 English Breakfast

유학을 하던 30년 전 영국학생 둘과 집을 빌려 살던 때가 있었다. 그때 같이 살던 친구들과 Facebook을 통해 다시 연락이 되었다. 한 친구는 영국에서 태어나 자랐지만 아버지의 고향인 Tonga(통가)라는 나라에 가서 사업을 하고 있고 다른 친구는 런던에서도 한참 떨어진 England 북부 지역의 Huddersfield에서 살고 있다. 이 영국친구는 몇년 전 출장으로 한국에 와서 반갑게 재회한 적도 있었다. 이 친구들은 점심은 대부분 샌드위치를 먹고 저녁엔 주로 감자와 고기 혹은 생선을 먹었다. 영국사람들은 점심을 샌드위치 등으로 간단히 먹는 문화가 있어 저녁식사 시간인 7~8시까지 배고픔을 견디기가 힘들다. 그래서 그 중간에 다과와 차를 마시며 허기를 달래는 Afternoon Tea 문화가 발달했다.

전통적인 Afternoon Tea는 3단 Tray를 기준으로 제일 아래칸인 1단에는 샌드위치가 서빙 되는데 얇게 썰어 절인 오이가 들어간 샌드위치가 있는 것이 특징이다. 요즘에는 디저트를 더 주기위해 샌드위치를 생략하는 곳들도 있다. 중간 칸인 2단에는 스콘 이 Clotted크림, 딸기잼등과 함께 서빙된다. 뻑뻑하고 맛없는 스콘은 Clotted크림과 과일 잼을 함께 먹어야 먹을 만한데 왜 이리 수분 없는 맛없는 빵을 만들어 먹었는지 모르겠다. Clotted크림은 살짝 노란색을 띨 때도 있어서 버터처럼 보이지만 버터와 틀린 진한 크림 맛이 난다. 그리고 3단 Tray의 제일 위칸에는 각종 디저트들을 제공한다. 개인적으로 3단 Tray의 꽃은 제일 위칸의 디저트가 아닌가 생각한다. 샌드위치나 스콘, Clotted크림은 비싼 호텔에서 제공되는 것이나 정성이 들어갔다면 일반 Tea Room과의 수준 차이가 그렇게 크지 않은 것 같다.

하지만 디저트는 다년간 공부하고 실무 경험이 풍부한 Pâtissier(파티셰)[1]의 실력과 좋은 재료가 준비되지 않으면 만족스러운 결과물을 얻기가 쉽지 않다.

3단 Tray를 판매하는 티 룸에 가보면 각자만의 구성과 구성에 따른 가격이 모두 다르다. 몇 년 전에 서울의 P호텔에서 3단 Tray를 시킨 적이 있는데 아스꼴라니라는 요리가 있었다. 음식의 구성이 특이해서 호텔 직원에게 물어보니 영국인 직원이 와서 설명해 주었다. 그는 자신을 이곳 업장의 매니저라고 소개를 하고 설명을 해주었다. 그때 설명해 준 아스꼴라니는 올리브 속을 파내고 다진 닭고기, 돼지고기, 소고기를 섞어 반죽한 고기를 넣어 쪄낸 요리인데 난 그때 처음 먹어보고 그 이후로도 먹어 본 적이 없게 된 좀 특별한 요리였다. 아스꼴라니는 올리브 베이스에 고기가 들어가 꽤 괜찮게 다른 음식들과도 어울렸던 기억이 있다.

P호텔에서 판매한 Afternoon Tea는 작게 나마 고기요리가 있었던 걸 보면 Afternoon Tea보다는 High Tea였던 것 같다. 이 둘의 차이는 고기 음식이 있느냐 없느냐이다. High Tea란 이름의 유래는 이것저것 음식을 많이 차려서 상대적으로 낮고 작은 응접실 테이블에는 음식을 다 차릴 수가 없기 때문에 높이가 높은 식탁에 음식을 차린다는 의미에서 유래했는데 High라는 말의 의미와 느낌 때문에 요즘은 좀더 고급스러운 Tea Time을 제공 한다는 의미로 쓰이는 것 같다. 하지만 원래 High Tea는 차를 마시는 시간과 저녁 식사를 따로 구분하기 힘들어서 이른 저녁을 먹는 노동자 계급의 문화

---

1) Pâtissier(파티셰) : 디저트를 전문으로 만드는 요리사

였고 귀족들은 차 타임과 식사를 구분해서 차를 즐겼기 때문에 Afternoon Tea를 갖는 게 귀족들의 문화였다.

Afternoon Tea로 유명한 곳 중 기대보다 못해서 실망할 때가 가끔 있다. 2014년 홍콩의 페니슐라 호텔의 Afternoon Tea를 마시러 갔을 때 그랬었다. 일단 3단 tray의 구성이 별로였고 그보다 실망스러웠던 부분은 그곳은 너무 바빠서 직원들의 즉각적인 응대를 기대하기 어려웠다.

2014년 홍콩 페니슐라호텔
Afternoon Tea set

2023년 홍콩 페니슐라호텔
Afternoon Tea set

얼마 전 다시 다녀온 정확히 2023년 9월의 페니슐라 호텔의 서비스는 훨씬 좋아졌다. 삼단 tray도 시대에 맞는 내용을 담으려고 실험적인 구성이 보이는 듯했고 특히 맛이 많이 좋아진 것 같았다. Tea Room에 갈 때 큰 기대를 하지 않았는데 훌륭한 곳도 많았다.

대만의 만다린 오리엔탈 호텔

　방문했던 Tea Room 중 기대 이상이었던 곳 중에 하나가 대만 타이페이의 만달린 오리엔탈 호텔이다. 이곳에서 Tea에 대한 질문을 해보았다. 곧 Tea 전문가가 와서 성의있고 자세한 설명을 해주었다. 좋은 서비스와 전문지식이 돋보이는 Tea Room이다. 위에 언급한 홍콩의 페니슐라 호텔 그리고 미국 LA의 페니슐라 호텔에 갔을 때도 같은 질문을 했다. 하지만 두 곳 모두 두리뭉실한 비전문가적 대답이 돌아와서 실망했었다.

　내가 갔던 Tea Room 중 가장 전문가적 대답을 들은 곳은 인도 뉴델리의 Tea Room이다. 차의 특성과 우려내는 시간 그리고 취향을 고려한 권유 등 Tea를 생산해 내는 종주국다운 전문적 지식을 가진 직원들이 많았다.

인도 뉴델리의 Tea Room

　2014년 방문한 이 호텔은 약 20불 정도의 가격에 차와 음식을 계속 리필해 주었다. 그 간의 물가상승을 고려해 봐도 지금도 40불이 안되는 가격일 것이라 생각된다. 영국의 식민지였던 나라들은 홍콩을 비롯하여 캐나다, 인도 등 많은 나라에 영국의 Tea문화가 자리잡았다. 둘째 날 기대하던 영국에서의 첫 Tea Room 방문을 했다. 런던에는 유명하고 좋은 Tea Room이 많아서 사실 어느 곳을 가야 할지 고민이 되었는데 Fortnum & Maison(포트넘 & 메이슨)을 예약했다.

Fortnum & Maison의 1층

지하에는 와인숍도 있다. 와인가격은 한국보다 많이 싸지는 않다.
비슷하거나 10%정도 저렴하다.

와인바도 있다.

차를 마시기 위해 4층으로 올라가면 멋진 피아노 연주가 라이브로 들려온다.

Fortnum & Maison의 하늘색 대표색이 돋보이는 사랑스런 테이블 세팅이다.

전통적인 3단 tray의 구성이다.

랍스터 오믈렛. 고급지다.

3명이 갔으니까 1인 81.5파운드
1인당 약 13만원이다.

　영국에서의 Tea Room 방문을 마쳤다. Fortnum & Maison을 방문한 것이 오래도록 기억에 남을 것 같다. 인테리어가 예쁘고 음식도 좋았다. 이 Tea Room에는 영국사람은 없는 것 같고 주로 외국 사람들이 많았다. 이 멋진 티 룸의 단점은 가격이 좀 비싸고 직원들이 친절하지가 않다. 런던에서의 Tea Room 방문은 이것으로 끝마쳤다. 비용이 좀 마음에 걸리지만 예쁜 기념사진을 찍는 비용으로 생각하고 가시면 좋을 것 같다.

영국에서 방문한곳 중 제일 마음에 들었던 곳이 현대미술관인 TATE Modern(테이트 모던)이다.

내가 방문했을 때는 현재자동차 후원으로 한국계 재미 작가인 아니카 이의 'In Love with the World' 전시회가 있었다. 해파리같이 생긴 모형물이 공중에 떠다니는 작품이었는데 몽환적이고 환상적인 느낌을 주는 작품이다.

　그 다음날은 대학을 다녔던 Swansea에 갔다. 기성용 선수가 Swansea 축구팀에서 선수 생활을 했고 언젠가 임재범씨가 백두산의 기타리스트였던 김도균씨와 함께 영국에 음악을 하러 와서 Swansea 기차역 앞 우체국 2층에서 공연을 했다는 이야기를 TV에서 본 기억이 있다.

90년대 Swansea는 한국사람은 거의 없던 인구 20만의 소도시였는데 임재범씨와 김도균씨가 이곳에서 공연을 했다는 이야기를 듣고 정말 깜짝 놀랐다. 어떻게 스완지까지 와서 공연을 했는지는 잘 모르겠지만 젊은 시절 두 사람의 음악에 대한 열정을 어렴풋이 알게 된 것 같아 새삼 그 두 사람이 더 대단한 뮤지션으로 느껴졌다.

30년이 지났지만 변한 게 없다. 그래서 좋다.

창밖으로 바다가 보이는 멋진 학생식당이 있다.

기숙사 건물

유학시절 버스비를 아껴보려고 40분 정도 거리의 학교를 걸어 다녔다. 그때의 기분을 느껴보고자 걸어보았다. 구경을 하며 걸어서인지 나이를 먹어 걸음이 느려져서인지 한시간도 넘게 걸렸다. 기숙사 건물도 그대로다. 안에 들어가 보고 싶었지만 절차가 복잡해서 포기했다. 1990년 이탈리아 월드컵 때 난 이 기숙사에 살고 있었다. 당시 기숙사에는 이탈리아 나폴리에서 유학 온 여학생 둘이 있었다. 이탈리아 사람답게 시끄럽고 유쾌했던 이 친구들은 특히 축구를 좋아했다. 월드컵 기간이라 어디서든 항상 축구 이야기가 나왔다.

당시 이탈리아 축구팀은 살바토레 스킬라치는 라는 새로운 스타가 나와 6골을 넣어 대회 최다골을 기록하며 골든볼을 수상했고 이탈리아 축구팀의 슈퍼스타 로베르토 바지오도 활약이 대단했던 시절이었다. 그런데 이 친구들 마음속의 축구 영웅은 뜻밖에도 이탈리아 축구 선수가 아닌 아르헨티나의 디에고 마라도나 였다.

이 친구들의 주장은 축구는 단체 운동이기 때문에 한사람이 잘해서는 게임에서 이길수 없는데 마라도나는 동료들의 역량과 상관없이 혼자서도 게임에서 이기는 게 가능하다고 했다. 축구의 종주국 영국 학생들을 비롯한 대부분의 학생들은 그 의견에 동의하지 않았지만 이 이탈리아 여학생들은 침을 튀기며 마라도나가 얼마나 위대한 축구 선수인지 그의 경기를 직접 보기를 바란다는 이야기를 한참동안 했던 기억이 있다. 이탈리아 축구선수도 아니고 지역 축구팀의 외국인 선수를 이토록 사랑하는 이탈리아인의 축구 사랑이 좀 이해가 안 됐다. 당시 월드컵에서 이탈리아는 준결승전에서 마라도나가 주장인 아르헨티나에 승부차기로 승리했다. 난 그날 이 친구들이 어떤 마음으로 경기를 지켜봤을 지 궁금했다.

마라도나는 별볼일 없던 나폴리팀에게 창단 61년 만인 86/87 시즌에 처음으로 세리에A 우승컵을 안겨주었다. 그리고 88/89 시즌에는 대륙별 최상위 클럽 대항전인 UEFA도 우승을 했다. 당시 나폴리에서 마라도나는 역사상 유래가 없는 존재가 되었다.

나폴리 시민 인터뷰 내용
'마라도나에 대해선 나쁘게 말할 수 없죠. 그건 신을 욕하는 건데 저위에 계신 신을 욕할 수는 없잖아요.'

어느 간호사는 혈액검사를 한 마라도나의 피를 성 제나로 성당에 갖다 두기도 했다. 그는 나폴리 시민들의 신이 되어 있었다. 당시 마라도나는 팬이 너무 따라다녀서 길에 나갈 수가 없었다고 한다. 극장도 백화점도 아무 곳도 가지 못했다. 이 글을 쓰면서 30년간 궁금했던 두 이탈리아 여학생들의 마라도나 사랑이 이해가 되었다. 두 여학생은 이탈리아 사람으로서가 아니라 나폴리 사람으로서 마라도나를 사랑했던 것이다.

이탈리아는 잘사는 북부 사람들이 남부 사람들의 가난을 비웃고 모욕하는 지역 감정이 몇백년 동안 뿌리 깊이 있다. 별볼일 없고 가난하다고 무시당하던 이태리 남부의 강등권 팀을 마라도나가 우승 시킨 것에 나폴리는 자신들을 선택해 준 아르헨티나의 축구선수에게 가슴 벅찬 열렬한 사랑을 주었다. 그를 통해 북부 이탈리아에 무시당하고 살던 한풀이를 한 것이다. 무시당하고 열등하다는 소리를 들으면 어떻게 해서라도 자신을 증명해서 상대의 코를 납작하게 하고 싶은 것은 누구나 마찬가지다. 예전에는 어려운 환경에서 자식이 좋은 대학을 가면 그것 하나로 한풀이가 되는 시대도 있었다. 80년대에는 처음 자가용을 장만하면 고향에 내려가 부모님을 모시고 드라이브 하는게 효도인 시절도 있었다. 좋은 회사에 취업하고 좋은 직장에 다니고 좋은 집에 사는 이 모든 것이 한풀이가 되는 시절이 있었다. 서럽고 가난했던 그 세월이 이런 한 방으로 치유가 되던 시절이 있었다.

2023년 지금은 잘 모르겠다. 좋은 대학을 가도 좋은 직장에 다녀도 좋은 집에 살아도 왠지 불안한 시대에 살고 있다. 요즘 대학을 그만두고 의대에 다시 진학하기 위해 재수를 하는 대학생들이 많다고 한다. 대학에 가서 선배들을 보니 도무지 앞날이 보이지 않는다는 것이다. 고소득 전문직의 대표 직업인 의사들은 자신들이 얼마나 힘든 지 모르고 생기는 사회현상이라며 개탄해 한다. 지금은 병원이 많이 생겨 경쟁에서 뒤쳐져 폐원하고 심지어 신용불량자로 전락하는 의사도 점차 늘고 있다.

최근 5년간 서울고등법원 관할지역 개인회생 희생자 1,145명중 의사, 한의사, 치과의사의 비율이 39.2%인 449명이다. 단순 통계만으로도 한달에 7~8명의 의사가 개인회생 신청을 하는 것이다. 이건 개인회생이고 병원 경영이 악화되어 폐원하는 의사만 계산하면 숫자는 더 많다. 이 통계에서 보듯 좋은 학교, 좋은 직업으로 한풀이를 할 수 있는 시대는 더 이상 아니다. 우리에게도 마라도나와 같은 영웅이 있었으면 좋겠다.

스완지 시내로 다시 돌아왔다. 웨일즈에서 두번째로 큰 도시인데 서울에 살다 온 내 눈에는 너무 작은 시골동네 같다.

이제 영국에서는 예전에 흔하게 보던 피시 앤드 칩스(Fish &Chips)[2]를 파는 식당을 보기 어렵다. 이곳은 내가 학생시절 살던 집 근처인데 이 근처에 몇 개나 있던 Fish &Chips 식당들은 모두 없어지고 생긴지 몇 년 안된 이곳만 한군데 남아있다. 주인에게 왜 Fish &Chips 식당이 별로 없냐 고 묻자 그들은 우리 식당만큼 맛있게 만들지 못해 모두 다 망했다는 유머로 대답했다. 나에게 어디서 왔는지 왜 왔는지를 묻더니 서비스로 한 개에 10 펜스, 우리 돈 170원쯤 하는 케첩 등의 소스를 몇 개 주었다. 유쾌하고 배려 있는 웨일즈 사람을 만나서 반가웠다.

---

2) 피시 앤드 칩스(Fish &Chips) : 길게 썬 감자와 생선을 튀겨 만든 영국의 대표 요리이다. 많은 사람 들이 즐기는 서민적이고 대중적인 음식으로 유명하며 19세기 중반부터 먹기 시작한 이 음식은 영국 인들로 부터 사랑받는 음식이다. 요리법이 간단한 패스트푸드로 포장 음식에 속한다.

영국 전통요리인 Fish &Chips를 시켰다.

이 음식을 먹는데 예전 스완지에서 Fish &Chips 를 함께 먹던 20대의 친구들이 그리웠다. 지금은 모두 어디에서 무엇을 하는지? 30년 세월이 빠르게 흘러간 게 무섭기도 하다. 언제 다시 여기 와볼지 모르겠지만 아마 내인생에서 다시는 못 와볼 수도 있겠다는 생각이 들었다.

런던으로 돌아왔다.

런던을 대표하는 런던아이

피카디리 서커스의 EROS동상

템즈강변

어느 날 오후에 방문한 Windsor(윈저)성.

　런던의 마지막 날, 친한 지인분들과 런던의 유명 인도식당에서 마지막 식사를 했다. 인도음식은 30년 전에 Swansea에서 처음 먹었었다. 한국에서 일본식 카레만 먹던 나는 처음 인도 카레를 먹고 한번에 푹 빠져 버렸다. 이후 인도 요리는 내게 영국을 기억나게 해주는 추억의 음식이 되었다.

　영국 여행은 관광 목적이 아닌 30년 전의 나를 만나는 여행이었다. 개인적인 이야기가 많아서 영국여행의 기록을 이곳에 다 적지 못했다. 예전 하숙집 주인을 찾아내서 만나게 해주고 관광지를 데려가 주고 여행의 일상을 함께 나누어 주었던 영국의 지인분들께 감사하다는 인사로 이 글을 마칠까 한다. 이 여행을 통해 젊은 시절 나를 만날 수 있어서 행복했다. 때로는 미숙하고 아직 소년의 티를 못 벗었던 20대를 돌아보니 어려운 과정을 잘 이겨낸 내가 스스로 기특했다. 세월이 흘렀어도 여전히 친구를 좋아하고 성격 급한 건 그대로인걸 보면 참으로 사람은 세월이 가도 변하지 않는 것 같긴 하다.

에필로그-
글을 마치며

보름씩 떠나는 세계 일주를 시작한 2016년에 언젠가 나의 여행기를 책으로 내보고 싶다는 생각을 했는데 8년 만에 실현이 되었다. 부족한 이 글을 흔쾌히 출판해 주신 디프넷 출판사의 이성환 대표님께 먼저 감사드리고 싶다. 그리고 아직 책이 되지 못한 나의 방문 국가들의 이야기가 언젠가 또 세상에 나오기를 기대해 본다.

부모님이 좀 더 건강하셨다면 모시고 여기 저기 다녔을 텐데 하는 아쉬움이 있다. 혹시 아직 건강한 부모님이 계시면 시간 내어 꼭 여행하시길 부탁드리며 이글을 마칠까 한다.
끝까지 읽어 주셔서 감사합니다.

사랑합니다, 그동안 만났던 소중한 인연들을...
행복합니다, 나와 만날 멋진 사람들이 있을 미래가 있기에...

보름씩 떠나는 세계일주

보름씩 떠나는 세계일주

지은이 이장우
펴낸이 이성환
디자인 임승연

펴낸곳 이안에_디프넷
주 소 경기도 고양시 일산동구 중앙로 1305-30 삼성마이다스 827호
전 화 031-905-2188
팩 스 0303-3440-2116
이메일 book@difnet.co.kr

초판 1쇄 인쇄 2023년 12월 15일
초판 1쇄 발행 2023년 12월 18일

ISBN 978-89-94574-64-6
등록번호 제 2002-000040 호

ⓒ(주)디프넷

정가 : 15,000원